AF223999

SOUVENIRS

D'UN

VOYAGE EN PALESTINE

ÉLISABETH DE BOUTINY

SOUVENIRS

D'UN

Voyage en Palestine

2 MAI — 12 JUIN 1903

PARIS

JUST POISSON, ÉDITEUR

LIBRAIRE DE LA SOCIÉTÉ BIBLIOGRAPHIQUE

14, RUE DE BEAUNE, 14

1905

Se vend au profit des Œuvres de Terre-Sainte.

SOUVENIRS

D'UN

Voyage en Palestine

MAI — 12 JUIN 1903

ES pages n'étaient pas destinées à la publicité,
mais à la lecture de rares intimes.

Après mon retour, voulant fixer mes impressions de voyage pour ma satisfaction personnelle, j'entrepris de les résumer sur mes seuls souvenirs. C'est à la demande instante d'une amie, dont le nom reviendra souvent dans ce récit, que je cède aujourd'hui, avec la pensée, très présomptueuse sans doute, d'engager des hésitants à partir pour une nouvelle croisade de prière sur le tombeau du Christ, en leur inspirant le désir et la volonté de connaître par eux-mêmes le pays de Jésus. Voulant imiter les pèlerins de Jérusalem qui, de retour dans leur patrie, suspendaient à la place d'honneur du castel leur bourdon ou leur épée ainsi qu'un mémorial de ce périlleux voyage, mais n'ayant pas comme eux des trophées glorieux à conserver, j'esquisse à grands traits les épisodes variés dont notre route a été semée.

Ces quelques pages seront le souvenir permanent gardé de ces semaines précieuses et inoubliables qu'il m'a été donné de vivre en Terre-Promise.

Mais comment serait-il possible d'analyser et de dépeindre des impressions aussi vives et intenses que celles ressenties dans ce fascinant Orient que les âmes de croyants se plaisent à envelopper d'une rayonnante poésie?

C'était le vingt-cinquième pèlerinage de pénitence organisé par le Comité de Terre-Sainte dont j'ai eu la joie de faire partie.

Le promoteur de ce mouvement merveilleux de croisade toute pacifique, le Père Picard, Supérieur des Augustins de l'Assomption, était mort quelques jours avant notre départ, et c'est du ciel qu'il a béni le jubilé des pèlerinages de pénitence.

Si nous avons été éprouvés par la perte de plusieurs de nos compagnons, il faut croire que ces sacrifices ont donné un nouvel essor à l'élan d'enthousiasme entraînant des multitudes vers le tombeau du Christ. Et puis, sur le pont de la nef

Notre-Dame de Salut, aujourd'hui baptisée du nom gracieusement symbolique d'*Étoile*, la Providence a fait se rencontrer bien des âmes qui ont contracté là des liens solides, des affections dévouées, inébranlables, désintéressées. C'est en Terre-Sainte que se créent ces amitiés dont parle Lacordaire et qui sont le plus parfait, le plus pur et le plus profond des sentiments de l'homme. Quand de pareilles émotions ont fait vibrer simultanément les cœurs durant des semaines, ceux-ci sont marqués du même sceau, et savent désormais où se retrouver quand seront arrivés les durs moments de la séparation.

Le départ du port de Marseille étant fixé au samedi 2 mai, dès la veille, tous les miens quittent avec moi la R., de laquelle mes regards attendris ont de la peine à se détacher. En 1 h. 1/2, le chemin de fer nous a transportés à Marseille, sur la tumultueuse Cannebière dont j'admire une fois de plus la fantastique animation. Le temps est radieux. Secouée dans un omnibus tapageur, je vais à bord par les quais reconnaître nos logements. Je dis *nos*, car une marque de très grande confiance m'avait été décernée, mes parents me donnant ma sœur H., avec délégation de pouvoirs ordinaires et extraordinaires !

Le môle auquel le *Notre-Dame de Salut* est amarré se trouve inachevé, tout au bout de la Joliette. Impossible de hisser les bagages à bord, puisqu'on fait encore le charbon et que la moitié des ouvriers sont en grève. Je laisse nos colis dans un dock presque à l'abandon, me demandant si je les retrouverai et si nous pourrons partir demain.

Nous avons déjà rejoint en route des connaissances, des amies. C'est bon d'avoir l'assurance de ne pas être perdues dans la solitude quand nous aurons quitté parents et pays.

Notre dernière soirée en famille dans des chambres d'hôtel manque d'entrain ; heureusement que nul d'entre nous n'a l'envie de la prolonger, chacun rêvant à son abréviation presque complète.

SAMEDI, 2 MAI. — Dès l'aube je me hâte de monter, en compagnie de G., à la basilique de Notre-Dame de la Garde, où nous inaugurons notre pèlerinage.

Le mistral qui souffle en tempête n'arrête aucun pèlerin ; ils sont, en rangs pressés, dans la chapelle chère à nos cœurs de Provençaux, ces trois cents soldats de Gédéon qui viennent prier pour l'Église et pour leur Patrie.

On célèbre la messe à tous les autels ; environnée et comme nimbée d'encens, la Sainte Vierge me semble plus souriante que jamais sous ces voûtes d'une merveilleuse richesse de marbres, de mosaïques, et dans lesquelles la reconnaissance des marins se manifeste à chaque pierre. Notre-Seigneur bénit tous ses fidèles inclinés au pied de son trône, et je suis sûre que chacun de nous se confie, ainsi que tous les siens, à sa miséricordieuse et amoureuse bonté.

La distribution des croix rouges, insignes des pèlerins, n'a pas lieu aujourd'hui dans le sanctuaire, comme on la pratiquait habituellement. Il paraît que notre aimable gouvernement ne saurait autoriser le port d'un emblème autre que l'équerre ou l'églantine. Cela nous assimilerait à une congrégation et... n'en faut plus. C'est ainsi que s'entend la liberté dans notre « moult douce France. »

Mais il faut songer à descendre des hauteurs, gagner le quai et s'embarquer. Nous voici en pleine bousculade ; les derniers et fébriles adieux, les étreintes prolongées, les tendres baisers échangés, les au revoir émus, tout cela constitue un mauvais moment quand on laisse père, mère, frères, sœur, sans compter le reste.

Il est midi, quelques retardataires sautent sur la passerelle qu'on retire de suite après. C'est fini, nous sommes partis.

Les remorqueurs sifflent et nous entraînent en dehors des passes. Le vent fait rage, les mouchoirs s'agitent follement, tels des papillons...

On entonne l'*Ave Maris Stella*, le *Magnificat* et le cantique d'actualité : *Nous voulons Dieu*, que nous jetons comme une dernière protestation en quittant le sol de France, cette terre qui rejette loin d'elle les meilleurs et les plus dévoués de ses enfants.

J'avoue que je ne suis guère émotionnée en quittant mon pays, il est vrai que je compte le retrouver dans six semaines, mais je n'éprouve nullement « la tristesse amère de m'éloigner de ses rives », comme le dit quelque part le poète. Le désarroi le plus complet régnait dans le navire jusqu'à l'apparition des Directeurs, anciens Pères Assomptionistes, et sous leur paternel et si habile patronage, en peu de temps tout s'organise !

Après le coup de canon, salut traditionnel en l'honneur de la Vierge de la Garde, notre protectrice, et un dernier regard et un signe affectueux à la famille qui disparaît, nous descendons dans la salle à manger.

Hélas ! après la première bouchée, mes voisins et voisines prennent le chemin du pont et là regardent pensivement et obstinément la mer inclémente. Je compte les débris de ma table : il y a dix-neuf défections sur vingt-quatre présents à l'ouverture ! J'ignore encore la sensation du mal de mer et je ne le regrette pas, à voir les visages navrés, les airs mélancoliques des infortunés échoués sur le pont. Il y en a qui se laissent enjamber sans faire un mouvement, d'autres gisent sur des paquets de cordages, secoués par de brusques soubresauts ; il y a des malheureux qui supplient qu'on leur apporte un verre d'eau, d'autres réclament l'isolement ; celui-ci est inerte, celle-là me fait peur tant elle se penche par-dessus le bastingage. Bientôt le mal redouble ses désastres, le pont est un vrai champ de carnage sur lequel quelques valides errent terrifiés... telle une délicate hermine.

Et pourtant cela se passe devant le paysage le plus délicieux, la mer est d'un bleu idéal, avec de petites vagues à crête écumeuse.

Les roches blanches d'Aubagne, les calanques profondes de Cassis, l'altier Bec de l'Aigle, le golfe de la Ciotat, couronné de superbes bois de pins, le cap Canaille et la ravissante baie de Bandol défilent successivement devant nous ; puis c'est le panorama sévère des montagnes dominant Toulon et son port. Nous longeons la charmante presqu'île de Giens avant d'entrer dans la belle rade de Hyères et je salue mon pays, le pic du Fenouillet, Costebelle, tant de coins connus et aimés. Enfin Porquerolles, Port-Cros, l'île du Levant se profilent dans la brume du soleil couchant.

On sonne le diner, qui n'est pas mieux accueilli que le déjeuner. La première journée à bord s'est écoulée rapidement. Nous sommes installées, ma sœur et moi, dans une vaste cabine donnant près de la grande écoutille à bâbord (gauche) ; il y a dix couchettes que nous ne sommes que quatre à occuper. Mme de N. et sa cousine, Mlle de K., sont nos deux compagnes. Nous nous perchons toutes au premier étage et avec le roulis et le tangage accentués que nous subissons, il nous est nécessaire de nous rappeler nos leçons de gymnastique pour cette ascension à laquelle nous ne sommes pas habituées. A 10 h. 1/2 nous éteignons l'électricité et le mouvement régulier de la mer nous berce agréablement.

DIMANCHE, 3 MAI. Fête de l'Invention de la Sainte Croix. — Nous n'avons presque pas dormi et, à 4 h. 1/2, nous montons sur le pont et de là à la chapelle pour assister à la messe. Les sept autels sont occupés sans interruption; on roule et tangue toujours, et je pense que ce doit être bien difficile de célébrer le saint sacrifice quand les fidèles sont obligés de se cramponner aux piliers pour ne pas tomber.

Nous possédons enfin à bord le Saint-Sacrement, qui nous accompagnera désormais dans toute notre navigation. C'est une grande sécurité et un encouragement incomparable de penser que nous voguons ayant avec nous Celui à qui les vents et les flots obéissent !

Il y a peu de monde à la chapelle, où quelques vaillants servent la messe.

A 7 heures, la Corse se montre vaguement, estompée dans la brume; nous sommes par le travers de Bastia. Quelques malades se hissent et s'affalent péniblement sur le pont avec des mines désespérées. L'île d'Elbe, Monte-Cristo, Capraia, rien ne peut les tirer de leur apathie.

Nous sommes contents de fuir la France afin de ne plus entendre parler persécution, bris de scellés, cellules forcées, Chartreux traînés par les gendarmes. Quel soulagement de ne plus avoir la possibilité de lire et commenter les journaux !

A 9 heures, au lieu du chapelet récité en commun, on chante la grand'messe à trois mâts, c'est-à-dire avec diacre et sous-diacre. Tout l'équipage, les officiers en tête, y assistent avec recueillement. Puis une belle procession mène chaque pèlerin au pied de la grande croix de chêne plantée à l'avant et ornée pour la circonstance. Là, le Révérend Père abbé de la Trappe distribue, après les avoir bénites, les petites croix de laine rouge qui portent la mémorable inscription : *In hoc signo vinces.* Nous arborons fièrement cette décoration des pèlerins de pénitence qui sera notre signe de ralliement et une source de protection. Après notre retour en France nous la conserverons fidèlement comme un pieux mémorial des inoubliables journées vécues au pays du Christ.

A 10 h. 1/2, déjeuner.

A midi, on fait le point, et le sifflement strident de la sirène invite à régler les chronomètres.

A 1 heure, conférence très instructive sur les pays que nous apercevons. Aujourd'hui, après l'évocation et l'historique des vingt-quatre pèlerinages qui nous ont précédés, on parle de la Corse, mais il n'y a qu'à lire les *Échos de Notre-Dame de France,* pour être au courant de tout ce qu'on nous a dit.

A 3 heures, chemin de la Croix prêché par le Père M. L. G., directeur du pèlerinage. Il parle d'abondance et parlera ainsi chaque jour, à chaque office, avec une facilité, un cœur, une vaillance, un élan merveilleux, communicatifs, extraordinaires. Jamais on ne se lassera de l'entendre.

A 5 h. 1/2, dîner, et à 8 h. 1/2, prière du soir et bénédiction du Saint-Sacrement.

Tel est le règlement quotidien de la vie à bord. L'électricité est détraquée, on est plongé partout dans les ténèbres, et c'est une recherche minutieuse des moindres bouts de bougie qu'on installe dans des goulots de bouteilles, le nombre des chandeliers étant insuffisant. Le pont est éclairé de loin en loin par des falots tremblants, le ciel nuageux ajoute à l'obscurité et on nous recommande, par surcroît, de ménager notre luminaire.

Après le salut du Saint-Sacrement, il fait si froid à 9 heures sur le pont que nous rentrons prestement dans nos cabines. La nuit va être pénible ; néanmoins la ligue de la Bonne-Humeur exerce ses droits et donne du courage aux plus abattus.

LUNDI, 4 MAI. Fête de sainte Monique et anniversaire de l'incendie du Bazar de la Charité. — Nous récitons tous une prière spéciale à l'intention des chères âmes du purgatoire, que nous ne cesserons pas du reste d'invoquer pendant tout notre pèlerinage dont elles sont les protectrices attitrées.

J'assiste à la messe de communauté à 6 h. 1/2, c'est-à-dire à celle dite pour le pèlerinage par le Père Directeur. Rien n'est touchant et consolant comme la communion générale et quotidienne de presque tous les assistants, unis par les mêmes pensées, les mêmes désirs et les mêmes sentiments. Je goûte beaucoup les avis et le mot pieux que le Père M. L. ne manquera jamais d'ajouter à l'issue de la cérémonie pour exciter notre reconnaissance envers Dieu.

La mer me semble moins mauvaise et plusieurs nouvelles têtes surgissent ce matin ; on voit à bord une collection remarquable de types variés et très distrayants. Par un reste de charité, je ne fais le portrait de personne ; à chaque apparition correspond l'imposition d'un nom de baptême fort imagé et suggestif, tel que : le Bilboquet, le grand Lutin, la Belle-Mère du bord, l'Allumette amorphe, le Drogman, Bouddah, la mère Prudence, le Gouverneur, la Providence, le Colibri. — Le Stromboli sera notre grande distraction de l'après-midi ; il émerge des flots vers une heure, et, à 3 heures, nous sommes à peine à deux encâblures du pied du volcan, qui ne s'est pas mis en activité de service à notre intention. Quelques volutes de fumée couronnent seules son front noirci par la coulée des laves qui se déversent jusqu'à la mer; il est plus loquace habituellement. Nous laissons à droite un gracieux village bâti sur les flancs mêmes du monstre. Aux appels rauques de la sirène, répondent les cloches de l'église de Saint-Vincent; les habitants sortent en foule de leurs domiciles et nous entendons distinctement leurs vivats. Nous chantons le *Magnificat* et le *De Profundis*, notre canon tonne, des pavillons-signaux s'entrecroisent au sommet du mât de misaine pour transmettre au sémaphore des nouvelles de la Nef. Demain, toutes nos familles seront rassurées en France à notre sujet.

D'aimables confrères récidivistes nous montrent la croix, que le précédent pèlerinage a plantée sur la place principale de ce hameau, qui est la première apparition de l'Orient, avec les toits en terrasses de ses blanches maisons éparpillées au milieu des jardins.

Aujourd'hui le bateau ne stoppe pas et nous nous dirigeons sur le fameux détroit de Messine. En ce moment, nous apercevons les trois principaux volcans de la Méditerranée : le Vésuve, estompé dans le Nord-Est; l'Etna, couvert de neige au Sud-Ouest; et le Stromboli que nous laissons dans le Nord.

A 6 heures du soir nous passons sans encombres entre le gouffre de Charybde et les écueils de Scylla; nous voguons sur une mer d'huile et nous admirons à loisir le paysage féerique.

A bâbord, la côte d'Italie, avec de gros bourgs étalés sur le rivage et les montagnes de Calabre dorées par le soleil couchant, offre des tons violets superbes.

La Sicile, à droite, apparaît plus austère ; des silhouettes hardies de hauts sommets, de pics pointus et très découpés, dominent Messine la riante. Son port est ouvert au Nord et nous jouissons des moindres détails du Campo-Santo... où reposent les cendres du général Dourakine.

A Reggio, des régiments italiens manœuvrent et nous percevons à merveille les sonneries de leurs clairons et les roulements des tambours.

Une brise parfumée à la fleur d'oranger arrive embaumante de Sicile : c'est délicat et délicieux à respirer. On s'oublie à rêver sur le pont, jusqu'à ce que nous nous enfoncions droit dans l'Est en plein dans la mer Ionienne.

MARDI, 5 MAI. Fête de la conversion de saint Augustin. — On roule, on tangue, les cœurs suivent les mêmes oscillations, mais le règlement continue son cours normal.

Après la messe, je fais le tour du pont : les figures sont pâlies. Les vaillants rient, circulent, causent, écrivent, lisent. On organise même des concerts, avec le répertoire de Botrel au programme. Des joutes de marsouins viennent nous distraire et nous apercevons aussi quelques navires.

Soudain un violent coup de vent soulève la mer, le temps fraichit et on grelotte à 3 heures de l'après-midi sur le pont : 17 degrés au soleil. Demain nous aurons la Crète pour nous réchauffer, nous abriter et rompre la monotonie dont se plaignent les malades.

MERCREDI, 6 MAI. — Aujourd'hui une cérémonie des plus imposantes nous réunit à la chapelle, c'est le service solennel que chaque pèlerinage célèbre pour les trépassés en mer. On prie volontiers à cette émouvante grand'messe, car on se sent tellement entre les mains du Maître de la nature que les âmes montent vers lui avec confiance.

L'absoute est donnée à la mer, tombe effective d'un si grand nombre d'hommes ; son flot mouvant devient ainsi un linceul bénit.

Que d'évocations palpitantes et de profondes pensées surgissent en ce moment dans nos cœurs impressionnés. Il faudrait un poète pour peindre dignement les flottes des Croisés franchissant ces mêmes parages où leur ardeur pieuse et guerrière les entraînait, pour raconter les luttes épiques des Chrétiens contre les Sarrasins. Les braves chevaliers de Saint-Jean se sont rués dans ces mers dangereuses à mille assauts contre les infidèles, et leur valeur a été souvent engloutie dans ces mêmes flots. Tant d'inconnus, de marins et de soldats morts en service, de passagers, sans parler des pèlerins de la pénitence, terminèrent là leur course terrestre; la vague silencieuse les a tous cachés brusquement aux yeux de leurs compagnons. Tous ces souvenirs passent dans notre imagination émue et ils y mettent une note grave et anxieuse.

A 7 h. 1/2, la Crète montre sa pointe occidentale, le cap Bousa, et on nous signale dans le Nord l'île de Cérigo; nous sommes au sud du cap Matapan et des côtes de Grèce.

Le Père M. L. nous a donné hier une conférence des plus complètes sur cette île dont les anciens et les modernes se sont tant occupés. Le steamer ne secoue plus personne, et décidément la chaleur est venue, aussi chacun est en train; les plus gais se réfugient dans les barques de sauvetage où les amateurs les croquent au feu des objectifs. La Canée, capitale de l'île, que nous voyons à merveille, est une ville de 16 000 âmes, étendue sur le rivage et dominée par de grands rochers dénudés aux tons ocrés. On cuit dans ce golfe, et cette cité musulmane avec ses minarets ajourés ne nous donne aucune envie d'y planter notre tente. On nous désigne nettement les cales couvertes où les Turcs remisaient leurs galères pendant la paix. Des chaloupes de pêche, à la voile latine gracieusement inclinée, s'empressent à notre rencontre et sont déçues en nous voyant continuer imperturbablement notre marche.

Nous apercevons les promontoires élevés qui enserrent la baie de la Sude, et l'antique Rethymo couronnée par le mont Ida ; puis c'est Candie, célèbre par le siège mémorable que les Vénitiens y soutinrent au XVIIe siècle contre les Turcs.

Pendant toute la journée nous sommes dans les eaux de la Crète et, à la nuit, nous apercevons encore l'extrémité de cette île de 400 kilomètres de long. Elle, paraît très aride, déboisée, déchiquetée ; des golfes profonds la découpent sur la rive septentrionale, tandis que le littoral méridional se dresse uniformément droit.

JEUDI, 7 MAI. — Nous avons l'exposition solennelle du Saint-Sacrement avec adoration ininterrompue depuis la messe de communauté jusqu'au salut final. La chaleur a augmenté rapidement et la mer est belle. On nous montre dans le lointain Rhodes et Scarpento. On travaille activement pour achever les correspondances mollement entreprises ces jours derniers. Il y a des malheureux qui ont plus de soixante lettres à envoyer ; aussi les stylographes ont vite épuisé toute leur provision d'encre. Mr V. de K., ancien et fervent pèlerin de Terre-Sainte, a eu le dévouement d'accepter la tâche de vaguemestre. Ce n'est pas une mince occupation de timbrer et mettre à la poste, à Beyrouth, cette collection de trois mille cartes postales ou missives, destinées à la France et aux autres contrées européennes.

La journée s'achève très saintement occupée, le temps file avec rapidité, c'est effrayant.

VENDREDI, 8 MAI. — C'est aujourd'hui la belle fête de Jeanne d'Arc ! Ah ! comme il faudrait que cette Bienheureuse vînt délivrer sans retard sa patrie des griffes tenaces des francs-maçons, bien plus difficiles à « bouter dehors » que les Anglais, qui s'arrachaient ses lambeaux quand Dieu la suscita pour nous sauver.

Que se passe-t-il à l'heure qu'il est dans notre pauvre France ? Nous ne le saurons pas avant huit grands jours.

Maintenant l'agitation des bagages dévore chacun ; il est distribué aux passagers trois genres d'étiquettes : jaunes, roses et blanches, suivant les destinations de leurs colis. Le débarquement s'organise pour le lendemain matin, et puis le soir on nous donne une grande nouvelle : l'électricité est raccommodée, par conséquent illumination assurée à la chapelle, dans les salons, cabines, salles à manger, sur le pont.

Nous passons maintenant assez près de Chypre pour en distinguer les ports et les golfes importants de Larnaca et de Famagouste. L'île a un aspect rocheux, et de hautes montagnes ; les vignes, au fameux vin légèrement goudronné, doivent étaler leurs pampres et leurs grappes dorées sur ces coteaux qui nous semblent arides. La conférence sur Chypre a lieu dans « le Casino des courants d'air ». On y multiplie aussi les avis indispensables aux novices de Terre-Sainte et particulièrement aux Samaritains.

Le soir, à 7 h. 1/2, la première séance de projections électriques est donnée aux pèlerins; on escalade les bancs pour mieux voir. Les uns font connaissance avec des pays ignorés encore, mais qui, demain, ne le seront plus. C'est palpitant d'intérêt pour tous ceux qui revivent là des heures délicieuses. Cependant il y a eu tous les jours des représentations théâtrales : quelques acteurs dévoués et habiles sont grimpés sur les planches et nous ont débité avec talent des chansonnettes comiques, des revues « marseillaises, bretonnes, auvergnates », des récits épiques, de fort beaux monologues. Mais les projections des vues de Terre-Sainte et de tous les pays que parcourt la Nef ont un attrait particulier : on s'y reconnaît souvent et on reconnaît ses voisins.

Voilà notre dernière nuit à bord qui commence, puisque c'est Damas qui nous recueillera demain et qu'on nous a distribué nos billets de logement : le mien porte Damascus-Hôtel.

SAMEDI, 9 MAI. — Dès 3 heures du matin un branlebas fabuleux retentit à bord : on mouille les ancres et les chaînes font un bruit de tonnerre. Nous ne marchons plus, nous voilà en rade de Beyrouth.

Je me hâte de monter sur le pont ; le paysage est magnifique. Une mer d'un bleu de lapis-lazuli, un ciel se dorant aux premiers feux du soleil, une chaîne de montagnes très élevées et à pic sur l'eau, une ville orientale mollement étalée sur le rivage, entourée d'une ceinture de jardins d'orangers, citronniers, palmiers, cèdres, etc. C'est Beyrouth, la sultane de la Méditerranée, qui renferme tant de merveilles, c'est le Liban et ses sommets de 3 000 mètres couverts de neige, comme le Grand Hermon, qui rappellent les Pyrénées par leur aspect général avec une végétation et un ciel d'Orient. Après nos deux messes entendues ainsi que tous les matins, on commence à débarquer. Je n'aime pas la foule, ni la précipitation bousculante des premiers canots, et je préfère contempler la vue animée au lieu d'attendre une heure à la douane. Notre tour arrivé, nous descendons dans une grande chaloupe manœuvrée par cinq ou six bateliers turcs, très pittoresques avec leur pantalon-jupon dans lequel ils enfournent des oranges, des citrons doux et autres fruits qu'ils nous offrent ensuite contre backchich bien entendu. La traversée de 600 mètres est vite franchie et nous montons en voiture. C'est une sensation oubliée que celle de rouler sur la terre ferme, et il me semble que je suis plus en sûreté sur « la Nef » qu'aux mains de ces cochers, qui ne comprennent pas un traître mot de notre langue, escaladent les trottoirs pour se dépasser et vont à fond de train dans des rues étroites, encombrées d'enfants demi-vêtus, de corbeilles de fruits, de quartiers de viande encore ensanglantée, de chameaux accroupis. La merveilleuse adresse des conducteurs et la prodigieuse finesse de bouche des chevaux nous garantissent de toute aventure fâcheuse.

Nous arrivons en vingt minutes à l'université Saint-Joseph, dirigée par les Jésuites; leur belle église nous réunit tous à la messe en musique où nous prions pour la France et pour cet ordre si persécuté. Plusieurs de nos compagnons de pèlerinage comptent des membres de leur famille parmi les Pères de Beyrouth. Pour notre part, c'est un jeune cousin descendu des hauteurs de Ghazir qui nous accueille sur le sol étranger, mais, là encore, un peu français. Avec A. de V., nous parcourons tout l'établissement, la faculté de médecine, l'imprimerie et la reliure, les classes, etc. C'est immense, admirablement installé et dirigé.

Cependant il faut remonter en voiture, apercevoir, avec une rapidité encore plus grande d'autres couvents, contempler chez les Dames de Nazareth la vue superbe dont on jouit de leur terrasse sur la mer et la montagne, la ville et la campagne; courir comme des échappés de collège chez les Sœurs de Charité qui élèvent deux cent cinquante orphelines et tiennent l'hôpital français, et toujours à la même

allure, rentrer à bord, ayant chaud, étant couverts de
poussière, mais enchantés de tout ce qu'on a vu du
mouvement de la ville, consolés par la merveilleuse
influence que la France s'est acquise là par ses ordres
religieux. Hélas ! ce n'est pas une besogne patriotique
qu'ont entreprise ceux qui, en détruisant les congrégations dans notre pays, arrêtent leur mouvement
d'expansion à l'extérieur.

Nous sommes envahis par les vendeurs arabes et
assaillis par les marchands de citrons succulents,
d'oranges monstrueuses, de bananes, de tapis, de
cartes postales. C'est une vraie foire fort tapageuse.
Après le déjeuner, le Père Directeur nous com-
munique une mauvaise nouvelle : la quarantaine
existe, non pas pour aller à Damas, mais pour en
revenir, et nous serions prisonniers sous des tentes
turques pendant quatre jours. Il n'y a pas le choléra
dans la capitale de la Syrie, mais le gouverneur,
désirant toucher un fort backchich, maintient la
défense malgré le bon état sanitaire de la contrée.

Nous n'aurons pas la satisfaction de voir cette
ville tellement curieuse avec ses bazars orientaux et
sa population grouillante, les quais bigarrés et animés
de son superbe fleuve et sa ceinture de jardins
verdoyants. Nous ne pourrons gravir ce magique
Liban que nous admirons tellement d'ici ; il faut
renoncer aussi à contempler les ruines prodigieuses
de Baalbeck, l'Héliopolis des Perses, avec son
temple aux colonnes cyclopéennes dédié au soleil.

Le Père va tenter encore d'amadouer les autorités, mais nous ne comptons guère sur le succès et nous acceptons bravement, sans récrimination, cette pénitence qui aura pourtant l'avantage de nous faire arriver deux jours plus tôt dans la Terre-Sainte.

Comme compensation, on nous promet la visite de Malte au retour. En attendant la descente en ville, chacun de nous écrit à la vapeur des cartes postales qui porteront aux nôtres les impressions toutes chaudes sur Beyrouth.

A 2 heures, nous voici dans le même tumulte que ce matin; mais H. et moi nous faisons les dissidentes et avec une de nos amies, Mlle Cl. L., nous brûlons la politesse aux Frères des écoles chrétiennes où s'éternise la masse des pèlerins. Nous nous rendons à l'aimable invitation de Mr M., un Français tenté par la richesse de la flore de Beyrouth et qui s'y est établi depuis une quinzaine d'années. Sa propriété est au moins à 7 ou 8 kilomètres de la ville; notre cocher nous égare dans les cimetières qui avoisinent : turc, chrétien, juif, chacun est soigneusement séparé par une muraille de pierres sèches qui attriste ces coins funèbres.

Enfin nous traversons un beau bois de pins entremêlés de palmiers : nous sommes arrivés et nous entrons dans une loge de concierge, fleurie de bougainvilléas, en demandant M^r et Mme M. Une belle négresse se précipite devant nous et agite vigoureusement, pendant au moins cinq minutes, une espèce de tam-tam assourdissant au son duquel s'avance le maître de la maison. Nous avons peine à retenir notre envie de rire en voyant avec quelle solennité on nous reçoit : c'est sans doute pour remplacer les cent un coups de canon que tirent les batteries lorsqu'un souverain débarque chez son collègue.

Les M. sont des plus accueillants ; tout en causant, ils nous montrent leur habitation spacieuse, meublée de larges divans, leur chapelle mignonne et recueillie ; nous montons avec eux sur les terrasses et nous admirons la vue superbe sur la rade et le golfe de Saint-Georges, la plaine d'Es-zahil et le Liban. Nous voyons de là le Directeur du pèlerinage et sa suite faire irruption dans le jardin orné de plantes rares ; il y a surtout une remarquable collection d'orangers et d'eucalyptus, des quantités de jolies roses parfumées, de lianes fleuries grimpant à profusion dans les palmiers, escaladant les toitures et embrassant les citronniers.

Nous causons avec une gentille sœur de Charité, sœur Vincent, qui était à Biarritz avant d'être en Orient et qui a connu là notre chère tante de L.-S. Nous sommes heureuses de parler d'elle ensemble, et, tout en moissonnant une gerbe de fleurs, nous décidons d'aller visiter l'établissement où ces bonnes religieuses apprennent des métiers rémunérateurs à deux cents orphelins. Laissant donc le pèlerinage déguster les fraises, les oranges et les sirops de Mme M., après les salamaleks d'usage, nous montons en voiture avec notre cornette qui est enchantée, mais craint l'allure effrénée qu'adopte notre conducteur, et multiplie les « chouyé », doucement. Nous rions de sa mine effarée, et surtout de voir qu'un groupe de nos amies a enlevé aussi la seconde sœur de Charité venue pour aider Mme M. à recevoir les pèlerins.

Après une lutte de vitesse entre les deux voitures, nous mettons pied à terre dans le couvent et parcourons, toujours au galop, les ateliers de cordonnerie, où réussissent très bien les Arabes; les menuisiers et les tailleurs nous retiennent quelque temps; mais ce qui nous étonne le plus et ce que nous admirons vivement, ce sont les métiers où les jeunes Turcs, en fez rouge, dirigent, d'une manière impeccable, la fabrication de superbes étoffes de soie tramées d'or et d'argent. Des enfants lancent avec sûreté la navette qui va, revient, repart. On se croirait à Lyon, dans une grande manufacture, si ce n'était la statue fleurie de la Vierge de Lourdes qui contemple les travailleurs et les encourage par son divin sourire. Les dortoirs, les classes, la chapelle, tout est vu en poste, et c'est avec regret que nous ne pouvons nous attarder davantage : le consul de France venant dîner à bord, il faut que nous soyons au complet pour le recevoir.

A 6 h. 1/2, nous grimpons, les dernières de tous,

dans une chaloupe d'où nous assistons à un splendide coucher de soleil.

Le Père C., supérieur des Jésuites à Beyrouth, cause quelques minutes avec nous; il connaît toute ma famille maternelle, et, en pays lointain, on est heureux de parler des siens et d'échanger des souvenirs. Après les toasts d'usage et les distributions de compliments pompeux, les autorités se retirent; les dernières barques s'éloignent, tandis que la paix commence à régner, interrompue seulement par les sifflets du maître d'équipage dirigeant la délicate manœuvre du lever des ancres. Notre bateau pivote lentement sur lui-même; il paraît, nous dit le commandant Guillet, que c'est une des plus rares et des plus dangereuses opérations maritimes, puisque, dans tous les ports, les remorqueurs viennent s'atteler aux navires et les conduire à quai ou au large.

Nous restons fort tard ce soir sur le pont, jouissant d'un clair de lune idéal, d'une mer calme; nous échangeons nos impressions et nous sommes entièrement à la pensée de la Terre-Sainte où nous allons aborder demain.

Nous avons seulement le regret de laisser à terre un pèlerin, Mʳ D., malade depuis notre départ de Marseille et qu'on a confié aux soins intelligents et dévoués des bonnes Sœurs de Saint-Vincent de Paul. Le pauvre homme est un modèle de piété et de résignation. Pourvu qu'il puisse guérir et nous rejoindre à Jérusalem.

DIMANCHE, 10 MAI. IVe après Pâques. —
Nous sommes réveillés avant le soleil par la
manœuvre des ancres qu'on mouille au pied du
mont Carmel. A travers mon hublot entr'ouvert je
contemple avec émotion cette Terre-Sainte, illustre
aux yeux de tous les chrétiens, puisque c'est cette
contrée qui eut l'honneur unique de servir de patrie
au Dieu fait homme.

Je songe aussi à la faveur insigne qui m'est
accordée de revenir au bout de deux ans accomplir
ce second pèlerinage au pays du Christ, quand cette
consolation n'a jamais été donnée à tant de fervents
catholiques qui, toute leur vie, en avaient eu le pieux
désir.

On commence déjà à entendre les hurlements
féroces des Arabes qui vont nous transporter à terre.

Je monte sur le pont pour réciter un *Magnificat*
au seuil de la Terre-Promise et jouir aussi du coup
d'œil. Le soleil apparaît au-dessus des montagnes de
Nazareth, éclairant successivement la chaîne du
Carmel, Caïffa étendue languissamment au bord de
la mer, la vaste baie semi-circulaire où nous sommes
à l'ancre, et enfin en face de nous la ville bien
réduite maintenant de Saint-Jean d'Acre.

Quels souvenirs ces noms bibliques et guerriers
n'éveillent-ils pas dans la mémoire de celui qui les
prononce devant le paysage qui leur servit de
cadre? L'imagination fait renaître Élie et les cheva-

liers soutenant un siège mémorable contre Saladin ; Richard-Cœur-de-Lion, Philippe-Auguste, saint Louis, Bonaparte, se sont défendus sur ces rivages qui nous accueillent aujourd'hui comme des descendants de ces mêmes Francs, braves plus que les autres, paraît-il, puisque tout chrétien latin est encore appelé en Orient uniformément du nom de Franc.

Après avoir entendu la messe à bord, H. et moi montons en barque et accostons, à 800 mètres de là, une misérable jetée en bois constituant l'unique quai de débarquement à Kaïffa.

C'est avec une pieuse émotion que nous nous agenouillons dans la poussière pour baiser la terre de Palestine.

Au milieu des vociférations des Arabes qui veulent s'arracher nos menus colis, nous grimpons dans une espèce de char à bancs à ressorts inavoués, et au grand galop de trois maigres haridelles nous nous élançons vers le couvent des Pères Carmes qui domine la pointe extrême de la falaise. Mais à mi-côte la route, et quelle route, grand Dieu ! cesse brusquement ; un sentier d'Indien subsiste seul. Il nous faut dégringoler de notre somptueux équipage, et, escortés d'un jeune moukre, gravir pédestrement la rude montée du Carmel au milieu des pierres branlantes, en nous calcinant au soleil sans le moindre pouce d'ombre.

Je renouvelle connaissance avec l'aimable Mr de P.

qui, en Galilée et surtout à Jérusalem, sera souvent notre cicerone érudit.

Enfin, au sommet, quelle récompense de trouver la bonne sœur Joséphine qui nous réconforte tous par une tasse de camomille chaude, sucrée, additionnée de rhum, parfumée à toutes sortes d'essences aromatiques, camomille de sa fabrication qu'elle donnera à chaque heure du jour et de la nuit, sans compter, et à la distribution de laquelle son nom lui-même sera perdu : partout la sœur Camomille est maintenant connue, aimée et vénérée, tandis que la sœur Joséphine voyage sans doute incognito.

La grand'messe sonne et vient nous arracher à toutes les causeries. Nous pénétrons dans l'église de Notre-Dame du Mont-Carmel. La statue de la Vierge est toujours souriante sur son autel, s'inclinant gracieusement avec son Enfant dans les bras, pour mieux nous voir et nous bénir, semble-t-il. Je la prie de nous recueillir tous dans son manteau bleu pour nous entraîner en famille à sa suite dans le ciel, et j'ai confiance que cette première prière faite en Terre-Sainte aux pieds de Marie sera exaucée.

Le Père Brocard, supérieur, nous souhaite éloquemment la bienvenue et le Directeur se fait notre heureux interprète par quelques mots bien sentis dont il a le secret.

Nous assistons ensuite à une messe de *Requiem* dite en plein air et par conséquent en plein soleil, contre le monument élevé par les Carmes sur la tombe des soldats français blessés, qui furent massacrés par les Turcs en 1799 après le départ de Bonaparte. La pyramide, décorée du drapeau tricolore, est placée au milieu d'un jardin fleuri, et le servant de messe tient ouverte au-dessus de la tête du célébrant l'ombrelle toute blanche d'une des pèlerines, ce qui n'est pas banal. Pendant cet office, grandiose par la mémoire de ceux qu'il évoque, on remercie du fond de l'âme les mains religieuses et amies qui conservèrent jusqu'à nos jours le souvenir des héros tombés ici sans défense possible, en haine à la fois du nom chrétien et français...

Ensuite chacun de nous se disperse à sa fantaisie. Je visite avec H. l'église de style italien en forme de rotonde surmontée d'une élégante coupole.

L'autel encadre, dans un rétable magnifique, la statue miraculeuse de la Vierge, revêtue d'habits précieux. On y accède par un double escalier de marbre blanc entre lequel s'ouvre la grotte de Saint-Élie, qui servit de refuge au prophète pendant la sécheresse de trois années prédite à Achab. Les musulmans eux-mêmes l'ont en grande vénération et viennent y prier au milieu des chrétiens.

C'est de la terrasse du couvent qu'on jouit de la plus belle vue; la mer s'étend à nos pieds aux trois quarts de l'horizon avec le promontoire de Ras-en-Hakoura au Nord, Athlit et Césarée dans le Sud.

La chaîne du Carmel a perdu infiniment de sa splendeur et de sa fécondité tant vantées par Salomon et Isaïe. Il y a beaucoup de rochers, peu de beaux arbres, des fleurs rares, l'herbe est fanée ; cependant nous constaterons que cette partie de la Galilée compte dans les moins désolées et qu'un travail assidu et intelligent lui rendrait facilement son ancienne fertilité.

Nous nous rendons à mi-côte jusqu'à la petite chapelle dédiée à saint Simon Stock qui vécut là et reçut, vers 1240, le scapulaire des mains de la Sainte Vierge. Nous visitons aussi la grotte, dite École des Prophètes, presque au bord de la mer : c'est une mosquée habitée par les santons musulmans, mais curieuse par sa voûte parfaitement régulière et portant des inscriptions grecques remontant sûrement au IVe siècle de notre ère.

Je traverse l'esplanade, déserte aujourd'hui, où étaient plantées nos tentes il y a deux ans, et après emplettes de courbaches, d'eau de mélisse et de kaffiehs, nous nous dirigeons vers le palazzo où sont dressées les tables du déjeuner.

A midi nous sommes restaurés à merveille et prêts à descendre d'un pas allègre le sentier de chamois suivi ce matin en sens inverse. La troupe des pèlerins s'égrène peu à peu sur cette pente raide et se case enfin dans les soixante voitures alignées sur la route comme un cortège de noces. On s'organise en groupes qui se réuniront de même pour chaque excursion où les goûts semblables aimeront à se rencontrer.

Nous nous hissons, H. et moi, avec Mme de S., Mlles A. de la P. et Cl. L.., sur une sorte de break ou car-alpin, dans lequel nous sommes à l'abri du soleil.

Les trois chevaux, attelés d'une façon problématique avec des ficelles, n'ont pas l'air de la prime jeunesse ; en revanche notre conducteur doit compter quinze printemps au plus. Nous traversons Caïffa au trot vif, entourés par une bande de marmots criant à pleins poumons : Backchich !... et nous nous engageons, toujours à la même allure, sur la route de Nazareth. Elle a été empierrée, et en attendant le passage du rouleau traîné par quatre bœufs, nous sommes cahotés dans les fossés voisins.

Après avoir côtoyé le cimetière turc et de grands bois de palmiers et de caroubiers, nous entrons dans la plaine du Cison d'où nous admirons des villages pittoresquement juchés sur la hauteur : Beled, habité par les Druses ; Tell-Harbai, sur l'emplacement d'une ville ruinée ; Yadjour, entourée de figuiers et d'oliviers. — Quelle merveille pour l'Orient ! Voilà un solide pont en pierre sur ce torrent historique, où croupit aujourd'hui une eau fangeuse, mais qui roula dans ses flots les guerriers de Sisara et les prêtres de Baal.

La route monte doucement jusqu'à El-Hartiyeh,

mamelon couvert par une forêt de splendides chênes-verts. Nous mettons pied à terre pour ramasser de gigantesques roses-trémières, des fleurs et des herbes gracieuses et nous rafraîchir à la petite halte-buvette préparée à notre intention.

La chaleur devient moins forte et le paysage est ravissant de cette crête d'où nous découvrons encore la baie de Caïffa et la chapelle du sacrifice d'Élie, El-Moukralah, sur le point culminant de la chaîne du Carmel (515 mètres). Après une vallée marécageuse où ne subsiste plus trace de route, nous sommes secoués entre des haies de cactus et de chardons énormes à travers plusieurs villages bien misérables : Djeda avec des débris de modernes outils de culture; Simonieh, rasé complètement par les Romains, et nous arrivons au village assez prospère d'El-Monjeidil, où les Russes ont une église et les protestants un temple.

Nous jetons un coup d'œil à Yafa, patrie de Zébédée, et nous savons alors que nous approchons du but.

Le jour baisse, les rayons du soleil couchant dorent la masse ronde du Thabor aperçue à un coude du chemin, la nature semble se recueillir à l'heure du soir où Nazareth va se montrer subitement à nous. Nous prononçons son nom avec émotion en considérant cette cité aux maisons à toitures plates, s'étageant sur la colline. Voilà « la Ville des Fleurs » qui serait restée inconnue dans l'histoire, si Dieu ne l'avait choisie pour abriter la Vierge Marie et voir grandir en ses murs l'Enfant Jésus. Nazareth, humble bourgade dont les Juifs disaient avec mépris qu'il n'en pouvait rien sortir de bon, nous sommes tellement heureux de te visiter. Le regard divin s'est posé sur ces mêmes collines où vient errer le nôtre tout attendri. Jésus a foulé ce sol, couru dans ces jardins, et nous voyons presque d'un œil affectueux les enfants déguenillés qui, perchés sur leurs petits ânes, galopent allègrement au-devant de nous. Les voitures s'arrêtent dans l'aire à battre le blé, meublée autrefois par les tentes de la caravane.

Nous nous mettons immédiatement en procession, et, au chant du *Magnificat,* nous gravissons la rue étroite qui mène à la basilique de l'Annonciation. Les cloches sonnent à toute volée, notre drapeau flotte à la brise du soir au sommet des nombreux établissements français, tout est en fête pour nous recevoir.

Nous pénétrons dans l'église qui recouvre l'emplacement de la Sainte-Maison et y tombons agenouillés dans une fervente prière. Les Franciscains qui la desservent nous donnent une solennelle bénédiction du Saint-Sacrement, après laquelle, un à un, nous pénétrons dans la crypte où eut lieu l'Incarnation.

C'est avec une émotion indicible que nous baisons la pierre, au-dessous de l'autel, portant cette simple

et éloquente inscription : *Hic verbum caro factum est.*
C'est là que se tenait Marie quand l'ange Gabriel lui
apparut et lui offrit de devenir la mère de Dieu ; ce
sont ces murailles qui ont entendu l'*Ecce ancilla Domini.*
C'est dans cet étroit espace que se sont déroulées les
scènes de ce touchant mystère, prélude de tous les
autres !... Mais il faut s'arracher à la contemplation
et s'acheminer très prosaïquement vers l'hôtellerie
des Franciscains, la Casa Nuova hospitalière où la
table est dressée. Il est près de 9 heures 1/2 quand
nous nous mettons à la recherche de nos sacs dans
le dédale des corridors, où parmi l'entassement des
cinq cents colis, nous finissons par découvrir notre
bien. Les Dames de Nazareth, dont le couvent est
tout près d'ici, nous hébergent aimablement, disséminées dans leurs cellules, dortoirs, salles de caté-
chisme, dépendances de l'orphelinat, etc. — H. et
moi y sommes reçues à bras ouverts par une religieuse
amie d'enfance de ma cousine D. de C., et ayant
beaucoup connu mes grands-parents de Ch. dans la
Loire. Nous causons sans fin, dérangeons tout le
règlement avec cette bonne chère dame qui pleure
de vraies larmes de joie en nous voyant. C'est touchant, un pareil attachement ! A une heure fabuleuse
pour être monacale, Mère M. nous quitte, et dans
notre chambrette dédiée à saint Michel nous goûtons
un repos bien mérité et réparateur des fatigues et
des émotions de la journée.

LUNDI, 11 MAI. — Nous nous éveillons assez tard pour le pays, car il est à peine 6 heures, et en hâte nous courons à la basilique.

On y célèbre des messes à tous les autels et nous avons le bonheur de communier à celui de l'Annonciation. Quelle suave méditation devient la nôtre sur le lieu où fut récité le premier « Je vous salue, Marie ! » et avec ferveur nous répondons à la salutation de l'Ange par l'invocation de l'Eglise : « Sainte Marie, Mère de Dieu, priez pour nous, pauvres pécheurs, maintenant et l'heure de notre mort. » C'est de tout cœur que nous réunissons en faisceaux tous les *Ave Maria* priés par nos parents et nos amis pour demander à la Sainte Vierge de les transformer en sources de bénédictions éternelles pour eux.

Le prêtre vient de renouveler à près de deux mille ans la présence réelle de Notre Sauveur ! Et quel flot de pensées graves et douces monte en nous à ce précieux moment.

C'est dans cet espace restreint que Jésus a passé trente années de son existence, c'est la vie cachée que nous entrevoyons si peu par l'Évangile, qui nous en laisse deviner seulement l'humilité et la soumission. Après la grand'messe du pèlerinage, nous allons retrouver notre bonne religieuse, Mère M., qui ne se lasse pas de nous contempler. Ses yeux gris-bleus ont des reflets de joie et nous savons que c'est notre arrivée qui les y a mis. Elle cause, demande des nouvelles de tous ceux qu'elle a connus et appréciés, et nous devenons, pour ses amis de France, ses fidèles commissionnaires.

Nous admirons avec elle les ouvrages de broderie et de dentelles à l'aiguille, petites merveilles écloses patiemment de ses doigts de fée qu'elle a su donner aussi à ses orphelines.

Mais le temps inexorable marche, et, après quelques envois de cartes postales, nous organisons un tout petit sac qui va nous suivre à cheval au Mont-Thabor et à Tibériade.

H. et moi nous retournons prier paisiblement dans l'auguste crypte. On descend par un escalier de quinze marches ; la chapelle, qui mesure 8 mètres de long sur 2^m, 50 de large, renferme deux autels dédiés à sainte Anne et à saint Gabriel. La maison vénérée à Lorette, comme étant celle de la Sainte Famille, a sa place marquée dans cette chapelle.

On franchit une arcade ogivale, et après deux marches on se trouve dans le sanctuaire de l'Annonciation entièrement creusé dans le roc. C'est l'endroit même où se tenait Marie lors de l'apparition du Céleste Messager. L'autel de marbre occupe tout le fond ; des lampes d'argent données et alimentées par les États chrétiens éclairent ce séjour unique au monde où la prière semble si aisée. Derrière cet autel on en rencontre un autre dédié à saint Joseph et précédant une seconde grotte appelée la Cuisine de la Sainte Vierge, mais qui n'a rien d'authentique.

Au-dessus de la crypte deux larges escaliers conduisent à l'autel majeur, au chœur et à la sacristie.

Après un gai déjeuner et une visite aux bonnes Sœurs de Saint-Joseph où j'avais logé, il y a deux ans, nous allons sur la grande place, habituellement déserte ; aujourd'hui elle est envahie par une centaine de chevaux, d'ânes, de mulets, de chiens, de moukres. Il s'agit de choisir dans cette cohue un coursier au pied sûr, au jarret infatigable et point trop fringant.

Je monte un bai-brun qui me paraît assez doux. En effet il ne rue pas comme tel autre qui vient d'envoyer prestement rouler à dix pas l'amazone inexpérimentée qui s'est confiée à lui. Il est 1 h. 1/2, les quatre-vingts pèlerins qui vont gravir le Thabor sont prêts ; on se divise en trois groupes, et après les au revoir très amicaux échangés entre partants et restants, la caravane s'ébranle.

Le premier escadron, guidé par le Père G., un jeune Assomptioniste dont nous mettrons souvent à contribution l'intelligence et la science, part en avant. Notre bataillon, avec le Père O. en tête, s'attarde à rassembler toutes ses sections, si bien que nous perdons de vue la colonne. A la Fontaine de la Vierge les drogmans se disputent et veulent nous entraîner les uns à droite, les autres à gauche.

Tout s'arrange et nous admirons le superbe panorama dont nous jouissons en gravissant le Mont du Précipice, à l'est de Nazareth. Nous poussons les chevaux malgré le cuisant soleil et nous essayons un temps de galop sur un petit plateau qui domine la vallée que nous venons de quitter; du côté opposé, tout au fond d'une gorge accidentée, nous apercevons nos compagnons d'avant-garde. C'est alors une prudente descente de tous les cavaliers, novices pour la plupart, au milieu des cailloux roulants et des pierres aiguës, car nul sentier n'est tracé et on suit le lit des torrents tout simplement, ou bien on marche à travers champs. On n'a point de chute à déplorer; seules plusieurs glissades des montures font battre plus vite les cœurs et redoubler de précautions.

En deux heures nous sommes à Dabourieh, où les apôtres qui ne furent pas témoins de la Transfiguration attendaient leur Maître en essayant vainement de guérir un possédé.

Le Djebel-el-Tour, cette haute montagne dont il est parlé dans l'Évangile, nous apparaît couvert de bois de chênes, de caroubiers, de lentisques, de térébinthes et de styrax. C'est un abri insuffisant contre le soleil qui chauffe les lacets que nous décrivons sur la pente ouest. La route est des plus malaisées, raide comme un toit, et nous sommes tous cramponnés à la crinière du cheval, escaladant péniblement la montagne pendant qu'on récite le chapelet avec force distractions.

Rien n'est pittoresque à considérer comme la longue théorie des pèlerins courbés sur leurs montures, semblables à un gigantesque ruban zébré de vives couleurs, miroitant et ondulant gracieusement du haut en bas de la côte dans la poussière ocrée par l'astre du jour. Nous franchissons au galop un reste de pont-levis et une vieille porte fortifiée, entrée de l'enclos. Nous voici au sommet du Thabor ; il est 5 heures et joyeusement nous entonnons le *Magnificat.*

Puis on descend de cheval et en procession nous entrons dans le couvent des Franciscains.

Le vœu de saint Pierre est réalisé au-delà de son expression : vingt-et-une tentes sont dressées autour de l'hôtellerie.

Les bêtes sont entravées près de nos futures demeures et le camp est très animé avec cette multitude bariolée, affairée. H. et moi nous trouvons notre domicile, tente numéro 2, planté en face de la petite église. Nous déposons nos sacs sur nos couchettes étroites et branlantes, et, après un ravitaillement d'oranges de Jaffa, nous assistons au salut solennel donné dans la pauvre chapelle.

Les pèlerins parcourent ensuite, avec un moine érudit, le Père Norbert, les ruines intéressantes qui couvrent ce plateau. Une rue ancienne conduit à travers les débris du couvent des Bénédictins jusqu'à la basilique élevée par sainte Hélène sur l'endroit de

la Transfiguration de Notre-Seigneur exactement
déterminé par la Tradition.

Les Croisés ont dû modifier le plan primitif, mais
la crypte, aujourd'hui en plein air, était alors renfermée
sous des voûtes splendides. Le souvenir de Moïse et
d'Elie est conservé dans deux petites chapelles, à droite
et à gauche de la grande basilique, mais on n'en voit
plus que les vestiges. Vers le Sud nous montons sur
des murs gigantesques qui environnent l'Église et supportent encore des substructions de tours du moyen-
âge. Le Thabor était, en effet, une forteresse, et on
voit les traces de plusieurs enceintes.

Tous ces débris sont envahis par une vigoureuse
végétation: pariétaires, giroflées, églantiers, clématites,
câpriers, cystes, asphodèles se sont réunis pour habiller
élégamment cette destruction. Nous nous perdons
dans les souvenirs lointains qui sont attachés à ce
sommet. La victoire de Débora, celle de Gédéon, de
Josias, roi de Juda, se passèrent sur les flancs du
Thabor ; les légions de Vespasien vinrent y camper,
devançant les Croisés, les Turcs, Kléber et ses grenadiers. Que de saints sont venus s'agenouiller à cette
même place où distraitement, tout à l'heure, nous
faisions notre prière : saint Jérôme, sainte Paule, saint
Louis nous ont dit leurs émotions religieuses.

Les Grecs ont un couvent dédié à Elie, élevé sur la
partie Nord du plateau, mais il a été maladroitement
restauré sur des ruines authentiques.

Nous admirons la vue magnifique dont on jouit du Thabor, bien que l'horizon soit aujourd'hui légèrement voilé par la buée qui accompagne le soleil couchant.

Isolés à 600 mètres, nous avons à pic au Midi la plaine d'Esdrelon qui étale son damier de cultures variées, bornée par le petit Hermon et les monts de Gelboé où périrent Saül et Jonathas ; un petit point blanc marque Endor où la pythonisse évoqua l'ombre de Samuel, et plus près, à droite, Naïm, où Jésus-Christ opéra un de ses plus grands miracles. Les monts de Judée limitent l'horizon et nous apercevons encore dans l'Ouest, par dessus les collines de Nazareth, la chaîne du Carmel et la Méditerranée, dans laquelle s'enfonce le soleil à son déclin. Au Nord, le grand Hermon, scintillant sous sa couronne de neige, domine ce paysage grandiose, tandis que le lac de Tibériade à l'Est semble enchâssé au pied du massif du Haouran et des montagnes de Galaad.

Nous restons longtemps silencieuses en contemplation devant ce panorama splendide ; la lune qui s'élève dans le ciel illumine de sa douce clarté cette terre, d'où monte si haute la voix déconcertante d'un si grand passé ! Nous nous arrachons cependant à ces instants de tranquille quiétude, loin du tumulte des soixante-dix-huit autres pèlerins, et nous dinons dans le couvent des Franciscains où nous sommes si aimablement accueillis.

Le Père A., qui a la responsabilité de la caravane, fait l'appel, comme au régiment, et distribue les billets de logement pour Tibériade. — Je lis avec stupeur sur le mien : corridor, premier étage. Je ne suis pas seule avec cette destination et nous demandons en riant si c'est à la prochaine étape que nous nous installerons sous les ponts !

Le camp, éclairé par des torches de résine piquées en terre, prend un aspect fantastique avec les silhouettes qui circulent entre les enchevêtrements de cordages. Il fait presque trop froid sur cette hauteur ; après avoir été à la broche dans la journée, nous serons cette nuit dans la sorbetière. Mais cette différence de température ne nous gêne pas et nous disons comme les soldats : « A la guerre, comme à la guerre ! » Nos deux compagnes de tentes sont des Allemandes ; elles causent entre elles sans se douter que nous les comprenons. Pour les mystifier, je leur souhaite « Eine gute nacht » en soufflant les chandelles. Elles rient de bon cœur, et pour témoigner leur ravissement, elles nous illuminent avec des feux de Bengale roses et verts !

MARDI, 12 MAI. — La première nuit en plein air est toujours une nuit sacrifiée, et nos couchettes étant établies sur une fourmilière, les habitantes indignées de cette violation de domicile se livrent à une très agaçante exploration de nos individus. Il fait du vent, un cheval attaché au piquet de la tente s'ébroue et hennit apeuré ; un chien vient ronger des os tout près de nous ; en ajoutant à ces rumeurs peu agréables le chant monotone et nasillard des moukres, les cris gutturaux des Arabes avec les glapissements aigus des chacals, on conclura que nous abandonnons sans regret notre lit inconfortable.

A 5 heures nous nous dirigeons vers la petite église des Franciscains, et puis, après l'apparition réchauffante du soleil, vers les ruines de la basilique, où nous allons demander la transfiguration de notre vie.

Le Père A. dit la messe en plein air sur l'autel rustique élevé dans l'ancienne crypte.

Le Pape ayant donné une permission spéciale aux pèlerinages de pénitence, nous célébrons toujours les offices du jour de la fête rappelée par le sanctuaire dans lequel nous nous trouvons et nous en gagnons toutes les indulgences.

Ainsi aujourd'hui, nous lisons la messe de la Transfiguration (6 août) et nous écoutons avec émotion le récit évangélique transmis par saint Matthieu. Nous nous écrions avec l'Apôtre : « Oui, Seigneur, il fait bon d'être ici parce que vous y êtes. Qu'il en soit ainsi toujours afin que nous puissions répéter indéfiniment la parole de saint Pierre. » Voilà l'instante prière qui monte naturellement à nos lèvres et que nous faisons de tout cœur pour ceux qui nous sont chers !...

Après avoir entendu plusieurs messes, nous quittons le sanctuaire, et très prosaïquement nous allons avaler des œufs à la coque arrosés d'une tasse de café ; ce petit repas se prend hâtivement, debout, comme les Israélites pour la pâque, avec cette différence que nous avons des cravaches à la main au lieu du bâton de voyage.

Nous descendons à pied le Thabor, le sentier trop en pente deviendrait une source d'accidents pour les gens et de fatigue pour les bêtes.

Après une marche de trois quarts d'heure, nous montons à cheval et suivons le drapeau français en file indienne par des torrents impraticables.

Soudain un murmure court de rang en rang, une chute vient de se produire, et une dame s'est cassé le bras. Le docteur arrive, la blessée, très énergique, est remontée à cheval après un simple pansement ! Prenons garde !

Notre cavalerie est bonne, les bêtes ont le pied solide, mais H. me fait peur tant elle galope joyeusement d'un bout à l'autre de notre caravane comme une estafette. La colonne est un peu engourdie par la température de plus en plus accablante.

Nous nous acheminons, par un vrai désert de pierres basaltiques, vers Loubieh, où, après avoir eu consciencieusement chaud, nous apercevons les voitures qui vont nous emporter à Tibériade.

Il est 11 heures.

Un petit coup de vin, une croûte cassée, une orange pelée, et... en avant, fouette, cocher !

Quelques intrépides restent en selle et avec l'assentiment du Père galopent jusqu'au bout. Il y a environ 12 kilomètres, dont 7 de descente, et c'est une assez bonne route à l'usage de la carrosserie du pays.

Nous passons devant la montagne de la Multiplication des pains et nous lisons avec empressement l'Évangile en face de ce large cirque, revêtu aujourd'hui d'une herbe fanée, mais restant si bien d'accord avec le récit qui nous est fait de cette heure solennelle et mystérieuse.

A un détour du chemin, comme d'un coup de baguette, le lac bleu nous apparaît. Voilà le vrai joyau de la Galilée, la mer de Génésareth. C'est dans cet horizon que s'est écoulée en grande partie la vie active du Sauveur. Le coup d'œil est féerique, mais combien la beauté du spectacle s'efface en songeant aux événements surnaturels qui ont eu ce même cadre pour témoin.

Le lac a une vingtaine de kilomètres de longueur sur douze de largeur. En ce moment c'est un miroir étincelant sous les rayons du soleil. Chaque tour de roue, en nous en rapprochant, recule pour nous le temps, et, soudain, transportés de vingt siècles en arrière, nous devenons par l'imagination les contemporains de Jésus ! C'est ici qu'Il parlait, bénissant, pardonnant, enseignant, guérissant, ouvrant vers le ciel l'esprit humain. On croit entendre flotter dans l'espace les paroles divines destinées à changer l'orientation des cœurs à la recherche du bonheur : « Heureux ceux qui pleurent, qui souffrent persécution pour la justice. Bienheureux les pacifiques, les pauvres, les purs, les doux, parce qu'ils verront Dieu et que le royaume des cieux leur appartient. »

Cette rêverie méditée nous a conduits devant les murs de Tibériade. Nous nous mettons en procession et arrivons par des ruelles infectes à l'église des Franciscains, bâtie, ainsi que leur couvent, tout au bord du lac, près du lieu de la pêche miraculeuse. Le sanctuaire est pauvre, et seule une belle statue de saint Pierre en bronze, don des pèlerins, marque l'entrée.

Après l'arrivée du groupe que nous avions laissé à Nazareth, nous nous acheminons vers le camp dressé en dehors de la ville, dans un champ de blé près de l'ancienne cité d'Hérode. Il fait une température de four. C'est le niveau inférieur du lac (200 mètres au-dessous de la Méditerranée) qui nous procure cette cuisson agréable.

Le couvert est établi sous une immense tente. Malgré la chaleur, on est gai et heureux de se retrouver comme une seule grande famille. Le thermomètre marque 36 degrés, mais la réverbération est terrible.

Après déjeuner nous louons une barque et partons

pour Capharnaüm. Notre batelier doit ressembler à saint Pierre, avec son front chauve, sa barbe blanche et broussailleuse, ses mouvements rudes et impétueux. Seulement, comme son langage est discordant ! Les chaloupes sont rustiques ; évidemment elles n'ont pas changé depuis deux mille ans, tout en Orient étant invariable. On vit l'Évangile d'une manière intense en longeant la rive à quelques mètres et en pensant aux prédications du Maître pressé par la foule. Aujourd'hui la désolation habite ces grèves, mais dans ce site parfaitement authentique, un silence d'adoration plane ; la nature seule est restée vivante et charge de parfums et de couleurs l'air vibrant de lumière.

Après avoir dépassé Magdala, la vallée de Génésareth s'ouvre à l'Ouest dominée par les Cornes d'Hattin. Un vent violent en descend, souffle sur nous, les flots s'élèvent, montent à l'assaut de notre esquif dans lequel pénètrent les vagues. Nous sommes effrayés comme les disciples, et, comme eux, nous disons : « Seigneur ! sauvez-nous. » La tempête se calme bientôt et nous accostons sans mal à Capharnaüm, au milieu de bosquets de lauriers-roses. Nous traversons un jardin où poussent avec vigueur les mimosas, les baumiers et une multitude de fleurs et d'arbustes dont j'ignore le nom.

Deux Frères franciscains, uniques habitants de ce

désert, nous offrent dans leur couvent une limonade glacée et délicieuse. Nous jetons un coup d'œil sur l'emplacement de ce qui fut Capharnaüm, Tell-el-Houm, composé de quelques tas de pierres disparaissant dans des fourrés d'épines. Ce ne sont pas même de belles ruines et on sent peser la malédiction du Christ sur ces lieux autrefois considérables et peuplés.

Quelques bédouins nomades et pillards plantent parfois leurs tentes en poil de chameau sur les débris de la synagogue et de la maison de Jaïre. Impressionnés de cette tristesse des choses anéanties, nous remettons à la voile, quand soudain une querelle survenue entre nos bateliers jette l'émoi parmi les passagères. Pour mettre ceux-là d'accord et les engager à nous ramener à Tibériade, le docteur R. braque son revolver sur ces Arabes, qui, devant cette menace, deviennent dociles comme des moutons. La mer de Galilée est d'un calme plat maintenant et pas la moindre petite ride ne vient plisser sa surface comme satinée et rosée par les derniers feux du jour. Le paysage est ravissant et nous nous enchantons silencieusement l'âme. Tout l'Évangile déroule une à une ses pages merveilleuses.

Le soleil s'abaisse lentement sur les brumes violettes qui montent de la terre de Gaulanitide, traîne encore comme à regret ses fusées dorées sur les montagnes mauves qui nous enserrent de partout et inonde le lac radieux de son doux rayonnement. Je pense que de semblables couchers de soleil, une des inépuisables richesses de l'Orient, ont dû souvent être contemplés dans ce même site par le Maître et reflétés dans ses yeux divins.

La lune paraît à présent au-dessus du cercle de montagnes et nous verse à flots sa sereine clarté, tandis que majestueusement elle monte dans le ciel assombri.

Un chant d'actions de grâces s'élève soudain dans la pureté de la nuit, et, trop émus pour parler, nous alternons avec la barque voisine les versets du *Magnificat*.

Il est près de 9 heures quand nous abordons à Tibériade. Un Père, campé sur le rivage, une torche à la main, nous attend pour nous guider jusque sous la grande tente où dîne déjà la presque totalité du pèlerinage. Nous dégustons du poisson du lac, plat comme un turbot, à la chair blanche et ferme qu'on appelle le « statère » ou poisson de Saint-Pierre.

Enfin nous gagnons nos lits, dans l'hôtellerie des Franciscains, et, les fenêtres ouvertes, éclairées par la lune autant que par les quinquets, nous prenons possession de notre corridor dans lequel une vingtaine de couchettes excellentes sont alignées, triomphe du dortoir. La circulation dans les escaliers ne nous trouble même pas, nous avons tellement sommeil après la veillée du Thabor et la journée qui vient de s'écouler !

MERCREDI, 13 MAI. — Après une nuit parfaite, nous nous éveillons en entendant retentir les clochettes des messes qui se disent tout près d'ici. Il n'y a qu'à descendre l'escalier pour y assister. C'est à Tibériade, dans l'église consacrée à saint Pierre, qu'il faut demander pour nous et les nôtres l'accroissement de notre foi et remercier Dieu de nous l'avoir donnée.

En suivant l'office de la fête du 29 juin, nous nous unissons de toute notre âme à la triple affirmation de Pierre et nous redisons après lui avec confiance : « Oui, Seigneur, vous qui savez tout, vous savez que nous vous aimons. »

A 8 h. 1/2, nous assistons au départ des Samaritains. Les montures sont rassemblées autour du camp, et dans le fourmillement habituel de cet exode, nous disons au revoir à nos amis.

Ensuite, après nous être offert le luxe d'un cireur de bottes, nous commençons en voiture et en file serrée l'ascension des hauteurs ; le lac, bleu comme le ciel qu'il réfléchit, est véritablement enchanteur et nous disons avec regret un adieu attristé à cet attirant et poétique paysage.

Vers midi, on fait halte à Loubieh, où notre déjeuner est préparé à l'ombre de maigres oliviers. Les Samaritains nous y attendent depuis une heure ; ce sont les agapes que nous partageons avec eux, car ils doivent nous quitter pour traverser à cheval toute la Galilée et la Samarie jusqu'à Jérusalem.

Il fait bien étouffant, 38 degrés à l'ombre ; je suppose que les œufs doivent se cuire au soleil et le café s'y chauffer. Nous partons enfin après force recommandations à ceux qui entreprennent cette route aventureuse, mais pleine de charmes, que j'avais parcourue moi-même, il y a déjà deux ans, à mon premier voyage.

Voici franchi le Champ des Épis où les disciples, pressés par la faim, froissèrent dans leurs doigts et mang'rent des grains le jour du sabbat. Nous en cueillons quelques-uns en souvenir de cette charmante page de l'Évangile. Après quelques collines pierreuses, nous arrivons à Cana, misérable village aux huttes de terre battue. Nous nous arrêtons dans cet endroit témoin du premier miracle de Jésus. On nous montre d'abord la maison de Nathanaël, (saint Barthélemy) et plus loin l'église paroissiale des Franciscains, où se vénère l'emplacement de la salle du festin des noces. La découverte de mosaïques anciennes a permis d'en préciser la place et on conserve encore dans la crypte deux urnes de pierre datant, assure-t-on, du jour de la fête. Les Franciscains possèdent à Cana un orphelinat et une école assez florissants.

Après le salut du Saint-Sacrement, nous buvons avec un mélange de respect et de soif du vin de Cana que les Pères récoltent dans les vignes de leur jardin. Il est très bon, très fort, sans une goutte d'eau, et ce petit arrêt est bien reposant.

Cana devait être une ville peuplée du temps de Notre-Seigneur, c'est encore un point assez fertile : les cactus, les pistachiers, les grenadiers, les figuiers croissent vigoureusement, grâce à une source abondante où viennent s'abreuver bêtes et gens. C'est la Fontaine du Cresson, où les croisés furent écrasés par les Sarrasins en 1187, avant la bataille d'Hattin. La moitié de la population (600 habitants) est musulmane ; le reste est mi-partie latin, mi-partie grec.

La route est maintenant très mauvaise avec une rude montée jusqu'à Nazareth que nous revoyons à la tombée de la nuit, tout heureuses de prier dans la basilique de l'Annonciation encore ce soir.

JEUDI, 14 MAI. — Ce matin un pèlerinage français, dirigé par l'abbé Potard, a retenu pour ses membres l'autel principal de la crypte, dans laquelle nous nous arrangeons bien cependant pour entrer et assister à la messe ; nous portons encore à la Sainte Vierge toutes les multiples intentions que nous avons à cœur, et je réclame pour ma part la faveur de revenir une troisième fois dans la ville de Marie.

Après les offices la procession s'organise pour aller vénérer les principaux souvenirs de la Sainte Famille.

On n'a qu'à suivre le défilé des femmes qui vont à la Fontaine de la Vierge, unique source du pays, au Nord-Est du village. Marie et Jésus-Enfant ont dû remplir souvent leur cruche à cette même fontaine, dont l'eau est fraîche ; on y remarque les débris d'une ancienne église dédiée à saint Gabriel, bâtie dès les premiers siècles et ruinée par les Sarrasins.

Par les ruelles étroites du quartier grec, nous arrivons au Nord-Ouest à la Mensa Christi, où une petite chapelle desservie par les Franciscains abrite un bloc de pierre large de 3 mètres, appelé la Table du Christ, sur lequel Notre-Seigneur aurait pris un repas après sa résurrection. Nous redescendons de là à l'église des Grecs-Unis du rite melchite, bâtie sur l'emplacement de l'ancienne synagogue où Jésus interpréta la prophétie d'Isaïe, et plus loin à la petite chapelle élevée sur l'atelier de saint Joseph. Après un rapide déjeuner à la Casa-Nuova et une dernière prière dans la crypte bénie, nous partons pour Caïffa, en arrière-garde avec deux de nos amies assez souffrantes.

La route, suivie précédemment dimanche dernier, se passe sans incidents et nous nous embarquons sur la chère Nef au soleil couchant.

Je suis enchantée, après cette pérégrination de cinq journées, de retrouver mon bateau, la chapelle, un ensemble enfin qui me paraît presque mon chez moi. Nous sommes réduits à deux cents pèlerins : les soixante Samaritains et les vingt-cinq Petits Frères de Marie auxquels nous avons dit adieu à Beyrouth manquent à l'appel.

VENDREDI, 15 MAI. — Nous entendons la messe de très bonne heure pendant qu'on jette l'ancre devant Jaffa. La construction de l'arche par Noé, l'arrivée des cèdres du Liban envoyés à Salomon par Hiram, roi de Tyr, l'embarquement du prophète Jonas désobéissant au Seigneur, illustrèrent ce rivage dans les temps bibliques, tandis que saint Pierre, saint Louis et Bonaparte y ont laissé leurs traces à des époques plus récentes.

La Méditerranée est douce comme un agneau ; nous accomplissons en chaloupe, accompagnés par les hurlements obligatoires des Arabes, auxquels nous sommes habitués, les 1800 mètres qui nous séparent de la ville, bâtie en amphithéâtre au-dessus de la mer.

Il n'y a pas de rade à Jaffa, et une barre de récifs avec une ouverture de 5 mètres seulement rend l'accès du petit port très difficile. Quand il fait du vent, le mouillage est intenable pour les navires et nulle barque ne se hasarde à franchir les redoutables écueils sur lesquels se brise un violent ressac.

Nous abordons devant la douane et deux Turcs transportent sur une chaise à bras notre pauvre amie Cl., trop malade pour traverser à pied les bazars de Jaffa dans lesquels les voitures ne circulent pas.

Nous atteignons la gare, où chauffe le train spécial du pèlerinage. Les wagons sont confortables et aérés ; on y est assis comme dans les tramways et les compartiments communiquent d'une extrémité à l'autre du convoi. Nous visiterons à notre départ la ville, qui est assez développée (25 000 h.) et offre un aspect enchanteur vue de la mer.

Les marchands de fruits nous accablent de leurs demandes auxquelles nous finissons par céder, pour avoir la paix et aussi un panier de citrons doux et de belles oranges pour « demi-franc. » Nous nous ébranlons à 8 heures vers Jérusalem. La locomotive pousse des mugissements rauques et appelle ainsi les retardataires et tous les curieux de la cité autour de la voie.

Franchissant une dune sablonneuse le long de la mer, nous entrons dans les merveilleux jardins d'orangers, grenadiers, citronniers, bananiers, palmiers, vignes qui sont la renommée de Jaffa. Après 4 ou 5 kilomètres au milieu de cette abondante verdure, nous pénétrons dans la plaine de Saaron. Les champs de blé déjà moissonnés alternent avec les pâturages peu fertiles, tandis que les montagnes bleuâtres de Judée s'élèvent de plus en plus devant nous. On laisse à droite et à gauche plusieurs villages musulmans et une importante colonie juive avant d'arriver à Lydda (19 kilomètres), où saint Pierre guérit le paralytique Énée. On n'y voit actuellement de remarquable que la cathédrale de Saint-Georges, ancienne église des Croisés et qui appartient aux Grecs orthodoxes.

De Lydda on va à Ramleh, ville exclusivement musulmane, où notre attention est attirée par la tour dite des quarante martyrs, mais ce sont des compagnons du prophète. On jouit d'un magnifique panorama du haut de cette élégante construction. Ayant traversé plusieurs bourgades et une vallée marécageuse, nous croisons la route des voitures, puis Sedjed et Aban, d'où nous entrons dans les montagnes que nous gravissons par de fortes rampes.

Il fait une chaleur intense dans ces gorges resserrées avec la réverbération impitoyable du soleil. Nous zigzaguons contre les parois de rochers escarpés en remontant le Ouadi-es-Sarar dont nous suivons tous les détours, le franchissant sur des ponts de 15 mètres d'ouverture.

Nous venons de parcourir le pays de Samson. C'est dans ces défilés qu'il fit prisonniers les deux cents renards, qu'il lança ensuite comme des brûlots vivants à travers les moissons de la fertile plaine des Philistins, que nous avions tout à l'heure sous les yeux.

De nombreuses grottes, pittoresquement étagées sur les falaises dominant le chemin de fer, nous rappellent les premiers ermites qui fondèrent, bien avant celles d'Égypte, les laures, véritables ruches de moines.

Nous voilà à Bittir (76 kilom.) et à son abondante

source ; c'est ici que gambadaient les chevreaux et les faons, est-il dit dans le Cantique des Cantiques. La vallée des Roses, avec la chaleur et la poussière qui nous dessèchent, l'aridité qui nous environne, nous semble un nom bien ironique. Cependant la Direction, prévoyante et maternelle, a fait circuler dans les wagons des rafraîchissements généralement accueillis avec satisfaction.

Les habitations plus nombreuses indiquent l'approche de Jérusalem. La gare (87 kilom.) se trouve au sud-ouest de la ville dans un bas-fond d'où nous n'apercevons aucun édifice. — Quelle différence avec mon arrivée à cheval, il y a deux ans, par le mont Scopus et sous une pluie diluvienne !

Nous nous agenouillons sur le quai et nous récitons avec un sentiment de profonde joie le *Lætatus sum,* dont on croirait le second verset écrit à notre intention : *Stantes erant pedes nostri in atriis tuis, Jerusalem :* nous établirons notre demeure dans tes parvis, ô Jérusalem. Nous nous élançons ensuite dans une calèche vermoulue, conduite par un vieil Arabe édenté, qui rugit je ne sais quoi en roulant des yeux blancs et féroces, tandis que sa langue rugueuse tourne avec vélocité dans sa bouche.

Enfin, au galop, nous filons, et à travers un nuage de poudre grise soulevée par les équipages préhistoriques qui nous frôlent, j'entrevois les murailles de la Ville-Sainte. Je reconnais au passage la porte de

Jaffa dominée par la citadelle de la Tour de David,
et au loin l'établissement de Saint-Pierre, tenu par
les Pères de Sion. En dix minutes nous sommes
déposées devant Notre-Dame de France, la grande
hôtellerie des Assomptionistes. Je retrouve de suite
avec beaucoup de plaisir le bon Père A., économe
aussi actif et dévoué que gai et intelligent, distribuant
aux pèlerins sans compter mille soins et conseils,
veillant à tout et nous évitant tous les désagréments
possibles. Ses yeux perçants et sa barbe taillée en
pointe lui donnent une ressemblance criante avec le
successeur de Richelieu, de sorte que nous ne l'ap-
pelons jamais autrement que le Père Mazarin.

Suivies d'un Arabe et de nos sacs, nous grimpons
jusqu'à la cellule indiquée par notre billet de logement. Avant de descendre au réfectoire, H. et
moi entrons dans la chapelle pour remercier rapidement, avant tout autre chose, Celui qui nous amène
dans cette terre promise.

Nous nous sentons chez nous dans ce bel
établissement, la construction française la plus considérable qui se soit élevée dans la région.

Les novices Assomptionistes nous servent gracieusement à table après nous avoir installés suivant
nos préférences.

A la fin du repas, leurs voix mâles, bien timbrées
et mélodieusement dirigées, nous souhaitent la bienvenue par quelques strophes sonores et harmonieuses.

Ces lignes ont été inspirées à un jeune étudiant, frère D., par les événements coïncidant avec notre pèlerinage :

> Salut, messagers d'espérance
> Venus chercher au Saint-Tombeau
> Résurrection pour la France,
> Et gloire, honneur pour son drapeau.
> Soyez un baume à sa souffrance,
> Priez pour elle au Saint-Tombeau.
>
> Gloire à la France pénitente
> Qu'en Orient la foi conduit.
> Le Christ du Calvaire la tente,
> L'éclat du tombeau la séduit.
> Le pays de Jésus tressaille
> Quand la France des anciens jours
> Vient pour la France qui défaille
> Prier encor, prier toujours.
>
> Aux Saints-Lieux, phalange aguerrie,
> La liberté n'est pas en deuil.
> A vous dans cette hôtellerie,
> A vous la fleur de bon accueil.
> Et puisque la France est meurtrie,
> Qui nous disait naguère adieu,
> Tous ensemble pour la patrie,
> Nous suivrons les traces de Dieu.

Après les applaudissements mérités, chacun se disperse. Nous allons à l'hôpital Saint-Louis recommander chaleureusement notre amie Cl. aux autorités et retournons ensuite préparer une première émigration. Il nous avait été donné par erreur une cellule qui ne nous est pas destinée et nous quittons « Notre-Dame de Verdelais » pour descendre au 107, « Les Cinq Plaies de Notre-Seigneur. » C'est au premier étage : la chambre, blanchie à la chaux, très-claire, sans tapis ni tentures, carrelée avec de petites pierres rouges, est un bijou de propreté.

Comme il n'y a pas de cousins en cette saison, nous utilisons les supports de nos moustiquaires pour pendre nos robes. Aussi croit-on pénétrer dans l'antre de Barbe-Bleue quand on ouvre notre porte !

Notre fenêtre est exposée au midi, sur la route qui mène à la porte de Damas, mais nous nous garantissons facilement du soleil et la température n'a jamais dépassé 23 degrés dans notre chambre. Deux petits lits de fer, une table-bureau et trois chaises composent notre simple ameublement, qui est très suffisant. Nous allons dans les grandes salles des Divans situées à droite et à gauche de la chapelle. Chacun y trouve une installation de ministre : encriers, buvards, enveloppes, papier à lettres au timbre de l'hôtellerie qui nous engagent à entamer illico une première correspondance avec les nôtres, un bateau devant atterrir à Jaffa lundi ou mardi.

On se rejoint volontiers dans ce hall spacieux, aéré, aux sièges confortables, au centre de la circulation. L'économat, où nous devons recueillir tous les renseignements imaginables, est tout près de ce poste de réunion où s'ébaucheront toutes les excursions et où nous aimerons à nous revoir le soir après les dispersions forcées de la journée, à lire et commenter les journaux un peu anciens, sous les becs électriques qui illuminent brillamment la pièce. Notre-Dame-de-France est formée de deux grandes ailes reliées à un vaste pavillon renfermant au centre, entre deux tourelles, l'église qu'une statue monumentale de la Vierge surmontera bientôt.

L'hôpital Saint-Louis, fondation de Mr de P., tenu par les Sœurs de Saint-Joseph, est joint à l'hôtellerie par des jardins qui permettent aux pèlerins d'aller et venir à leur fantaisie. Un térébinthe magnifique, dont les principales branches sont soutenues par des piquets de fer, ombrage la porte d'entrée. Tous les matins, sous son épaisse verdure, une véritable cour des miracles s'installe pendant que les Sœurs soignent, pansent et livrent gratuitement aux malades indigènes les remèdes destinés à les soulager. Une gracieuse grotte de Notre-Dame de Lourdes, fleurie de rosiers, verveines, géraniums, nous rappelle, en cette terre lointaine, une de nos plus chères dévotions. Le khamsin, vent brûlant du Sud-Est, souffle depuis le matin, desséchant les gosiers; mais à 4 heures la chaleur est un peu diminuée et nous voulons aller sans autre retard baiser le Saint-Sépulcre et vénérer la roche du Calvaire.

En bande de dix pèlerins, avec un jeune Frère pour nous guider, nous sortons de Notre-Dame de France et franchissons juste en face la porte des Francs, Bab-Abdoul-Amid pour les Arabes. Le pacha l'a gracieusement ouverte pour faciliter l'accès de la ville à la colonie française que les Assomptionistes ont attirée dans ce quartier. La basilique du Saint-Sépulcre est ainsi très rapprochée de nous, cinq à six minutes au plus. Rien ne changeant en Orient, je marche dans le dédale de ruelles conduisant au Saint Tombeau sans la moindre hésitation sur la route à suivre.

On passe entre deux haies de mendiants, couverts de vermine et de mouches qu'ils ne se donnent même pas la peine de chasser, vêtus de loques sordides, couchés sur les pavés qui sont usés par le frottement continuel des babouches et polis comme du marbre. Il y a une descente très prononcée pour atteindre la basilique et on est assailli sans trêve par les marchands de chapelets, d'images, de nacres travaillées. Ils sont acharnés à notre poursuite, sans se décourager devant la persistance de nos refus. Certains réclament « l'honneur d'une visite », prétendant me reconnaître pour leur cliente. Après la traversée d'un bazar, consacré principalement à la vente des objets de style russe, icônes, cierges, étoffes coloriées, nous débouchons brusquement sur le parvis du Saint-Sépulcre.

L'église est entourée de tous côtés par les hautes murailles des couvents grecs et arméniens.

Sainte Hélène éleva un monument magnifique en 326 sur l'esplanade paganisée par les statues de Jupiter et de Vénus ! La disposition de l'édifice était différente de celle d'aujourd'hui, mais c'est à cette époque qu'on sépara la grotte sépulcrale de la montagne et du rocher du Calvaire afin de régulariser les deux églises : l'Anastasis renfermant le saint tombeau, et la basilique du Martyrium. Le Golgotha était entouré d'une grille et de vastes portiques, tandis qu'un atrium et des propylées ne faisaient qu'un tout de ces diverses constructions. Toute cette splendeur disparut sous l'invasion des Perses de Chosroès.

L'empereur Héraclius, vainqueur en 629, rapporta le bois de la vraie croix dans le sanctuaire relevé par le patriarche Modeste ; mais le farouche calife Hakem le saccagea en 1010. — C'est après cette destruction que Constantin Monomaque construisit (1055) les trois petites églises du Saint-Tombeau, du Calvaire et de l'Invention de la Croix. Les croisés renfermèrent tous ces sanctuaires vers 1130 dans une seule basilique, avec chœur et transept. L'œuvre de nos pères nous est restée intacte dans l'édifice actuel, mais il faudrait le débarrasser des plâtrages et des murs d'insigne mauvais goût par lesquels les Grecs, en 1808, ont réussi à violer l'unité et la pureté de l'art français et croyant.

La façade principale est au Sud. La place, pavée

de grandes dalles jaunâtres, encombrée de vendeurs et de mendiants, porte des traces de portiques qui l'ornaient autrefois. Il subsiste encore à gauche du portail une colonne de marbre à moitié engagée dans la maçonnerie et qui a sa légende : « Toute jeune fille désirant se marier est sûre d'être exaucée dans l'année, si elle s'arrache une dent et la jette dans un petit trou qu'on a soin d'indiquer. » On m'affirme que le pilier est ainsi rempli d'ivoire féminin.

Les deux portails jumeaux, de style roman, sont surmontés de fenêtres et d'arcades ornées de profondes dentelures. Les piliers sont couronnés de chapiteaux byzantins, et les tympans des portes, décorés de figures géométriques et de bas-reliefs remarquables.

La porte de droite est murée et un escalier extérieur donne accès à la petite chapelle de Notre-Dame des Sept-Douleurs.

A gauche, le clocher mutilé, où les patriarches de Jérusalem étaient autrefois inhumés, disparaît dans les dépendances, bien qu'il fût primitivement complètement détaché de l'édifice. Ses quatre faces portaient de grandes arcades gothiques, mais les créneaux du sommet ont été enlevés. Après avoir laissé à droite et à gauche les chapelles orthodoxes, peu intéressantes, et franchi la pierre tumulaire d'un chevalier franc, Philippe d'Aubigny, nous entrons avec émotion dans la sombre et mystérieuse basilique.

Tout d'abord, dans un profond enfoncement, couchés à l'orientale sur des tapis, nous apercevons les gardiens musulmans qui ouvrent et ferment à leur guise l'unique porte du sanctuaire ; ils fument et prennent leur café en regardant d'un œil indifférent le va-et-vient de la multitude. C'est un poste de très grand rapport que celui-ci, le sultan Saladin l'a rendu héréditaire et l'a partagé entre deux familles, dont l'une possède la clef et l'autre le droit de s'en servir. Mais rien n'est choquant pour des chrétiens comme ce groupe de trois ou quatre infidèles dans ce lieu sacré qu'ils contribuent à faire respecter. Devant nous s'étend la Pierre de l'Onction, grande dalle sur laquelle Nicodème et Joseph d'Arimathie embaumèrent le corps de Jésus. — Elle a été souvent remplacée depuis, et les quatre confessions : latine, grecque, arménienne et copte ont le droit d'y entretenir les lampes et les quatre chandeliers d'une grandeur colossale qui la décorent. Le marbre actuel, long de 2^m 70 sur 1^m 30 de large, est orangé et date de 1808. Nous nous agenouillons respectueusement auprès de cette pierre que nous baisons. Une indulgence plénière y est attachée et il est d'usage qu'en entrant et en sortant chaque pèlerin agisse ainsi. Dans l'obscurité et la fraîcheur de ce labyrinthe, nous tournons à gauche et arrivons dans la partie principale : la rotonde du Saint-Sépulcre. Dix-huit grands piliers soutiennent la coupole de 20 mètres de diamètre. La France et la Russie l'ont consolidée en 1868 et elle est couronnée d'une croix dorée.

Des galeries avec des tribunes courent tout autour des colonnes alourdies par des murs de refend.

Nous nous recueillons avant de pénétrer dans le Saint-Sépulcre : c'est un édicule de 8 mètres de long sur 5 mètres de large, en marbre, orné de seize pilastres et surmonté d'une coupole.

L'entrée au Levant, sur le chœur des Latins, est ornée de lampes d'argent, de bronze doré et de six grands chandeliers. L'intérieur est divisé en deux ; d'abord une sorte de vestibule : la chapelle de l'ange, un carré de 3 mètres de côté à peine, renferme au milieu une pierre encadrée de marbre, fragment de celle sur laquelle était assis l'ange qui apparut aux Saintes Femmes le matin de la Résurrection.

Nous pénétrons ensuite dans la chambre sépulcrale par une baie très étroite et basse, et nous tombons à genoux abîmés dans un sentiment de profonde reconnaissance devant la tombe du Christ. Le front appuyé sur la pierre, incapables d'aucune formule, nous prions... et nous redisons au Seigneur les noms de tous ceux que nous aimons, dont nous avons été aimés, implorant pour ceux qui sont et pour ceux qui ne sont plus.

C'est ici que le Maître de la Vie reposa deux nuits et un jour dans la mort et qu'Il nous laissa l'espérance de la Résurrection !

Trois ou quatre personnes au plus peuvent tenir à la fois devant le saint Tombeau, sorte de banc contigu au rocher de trois côtés : il a 2 mètres de long et 1 mètre de large. Quarante-trois lampes précieuses illuminent cette retraite que les chants gutturaux des Arméniens, accomplissant leurs rites du soir, nous forcent d'abandonner.

Le Tombeau du Sauveur est à droite en entrant, dans la paroi nord par conséquent. Le revêtement de marbre n'en laisse apercevoir aucun fragment, et l'imagination a de la difficulté à reconstituer la grotte taillée dans le roc vif et le jardin dont parle l'Évangile. En somme, tout cet édifice est d'un goût déplorable et les icônes d'argent qui décorent l'intérieur sont d'un choix bien vulgaire.

Le catholique souffre des violences qui sont exercées envers lui et sa religion, et contre lesquelles il n'a aucun moyen de défense.

Partager les endroits les plus saints avec des schismatiques, quelle douleur et quelle honte !

Les coptes sont les moins gênants ; la chapelle où ils récitent tous leurs offices est adossée au chevet de l'édicule, qu'elle contribue à enlaidir.

En face du point par où nous sommes arrivés dans la rotonde du Saint-Sépulcre, nous voyons l'autel latin de sainte Madeleine. C'est ici que fut prononcé le *Noli me tangere,* ne me touche pas. Nous répétons, agenouillés près de la rose de marbre qui marque l'endroit où se tenait Jésus, le mot de Marie : « Rabboni », Maître ! Cet autel consacre un touchant souvenir pour nous Provençaux qui sommes nés au pays adoptif de sainte Marie Madeleine et avons vu avec émotion, sur la relique de son crâne, la marque du doigt divin, visible encore après dix-neuf siècles, dans la crypte de Saint-Maximin (Var).

Tout près de là se trouve la chapelle de l'Apparition de Notre-Seigneur à sa Mère ; l'autel de droite contient un fragment de la colonne de la Flagellation et nous retrouverons l'autre partie à Rome dans l'église de Sainte-Praxède.

L'étroit couvent, où logent les Pères Franciscains desservant la basilique, est autour de cette chapelle.

Dans la sacristie on nous montre la fameuse épée de Godefroy de Bouillon et ses éperons qui servent pour armer les modernes chevaliers du Saint-Sépulcre. J'ai assisté à une cérémonie de ce genre il y a deux ans, et l'accolade donnée avec ce glaive est impressionnante. Les éperons ont 20 centimètres, et l'épée avec la poignée, très simple, en forme de croix, près de 1 mètre.

Revenons maintenant dans le minuscule chœur des Latins, devant le Saint-Sépulcre, et entrons dans le chœur des Grecs, autrefois celui des chanoines réguliers du Saint-Sépulcre. Il constitue une église isolée du reste, grâce à un affreux mur qui barre toute perspective, et à son iconostase brillante de dorures et de peintures sous une forêt de lampes et de lustres d'argent. On y remarque « le Centre du monde », qui consiste d'après les Grecs en une pierre feuilletée avec, de chaque côté, les trônes des patriarches merveilleusement sculptés et dorés. Quatre gros piliers supportent des arcades en ogive et une coupole hémisphérique appelée le « Catholicon ».

Nous sortons de cette inondation de clinquant par la porte gauche (Nord) et nous pénétrons dans un déambulatoire circulaire où nous voyons les sept vieux arceaux de la Vierge, restes du portique qui fermait une cour spacieuse laissée à découvert par sainte Hélène entre le Calvaire et le Saint-Sépulcre; c'est la partie la plus ancienne de la basilique.

Nous arrivons en suivant la sombre galerie à quatre chapelles creusées dans le roc et appelées : 1° la Prison du Christ; 2° Saint Longin ; 3° la Division des vêtements et 4° les Impropères ou outrages prodigués à Notre-Seigneur. Elles appartiennent toutes aux Grecs et aux Arméniens. Avant la deuxième chapelle on retrouve la porte, murée aujourd'hui, qui donnait dans le couvent des chanoines ; et après la troisième nous descendons un escalier de vingt-neuf degrés usés et glissants, jusqu'à la chapelle de Sainte-Hélène, également aux schismatiques, longue de 20 mètres sur 13 de large et qui est à un niveau inférieur à celui de la basilique. C'est le patriarche Modeste qui construisit ce petit sanctuaire pour y déposer la précieuse relique de la vraie croix, rapportée par Héraclius en 627. Les colonnes sont des monolithes de pierre rouge, de dimensions inégales. L'ensemble est lourd et pas du tout harmonieux. Les fenêtres donnent dans le cloître abyssin ; l'autel du bon larron et celui de la mère de Constantin sont à côté du trône des patriarches arméniens. Bien que jamais un prêtre catholique n'ait la permission de célébrer la Sainte Messe sur ces autels, nous pouvons cependant y gagner les indulgences.

Nous descendons à droite encore treize marches, rendues plus difficiles par l'obscurité, et elles nous conduisent dans la chapelle de l'Invention de la Sainte-Croix aux Latins.

C'est une ancienne citerne creusée contre les vieux fossés de la ville. Cette grotte humide, taillée dans la pierre, est haute de 5 mètres et large de 7 mètres seulement.

C'est là que sainte Hélène découvrit les trois croix, le titre, les clous, la lance, le roseau et l'éponge.

L'instrument de notre salut y est resté enfoui pendant trois cents ans et nous vénérons avec respect ce sanctuaire sacré. Les indulgences y sont attachées à l'autel fondé par l'infortuné Maximilien et orné d'une statue de sainte Hélène embrassant la croix.

Nous remontons lentement ces marches irrégulières et nous arrivons par le corridor circulaire au pied du Golgotha, simple éminence à laquelle on accède par deux escaliers de dix-huit marches.

Nous prenons celui des Latins en face du divan des gardiens et qui mure forcément le second portail du Saint-Sépulcre.

Voici l'endroit où s'opéra la rédemption du monde. Cette pensée seule suffit à remuer jusqu'au plus intime de notre être. Ce qui se passe en nos cœurs ne saurait se traduire et ne s'éprouve que là.

La piété a marqué chacune des étapes du Sauveur sous ces voûtes étroites et obscures, où le pavé et le marbre cachent à notre adoration le rocher sacré enseveli par l'empereur Adrien.

Le sanctuaire actuel a précédé les croisades et a entendu le *Te Deum* de Godefroy de Bouillon en 1099 ; il est séparé en deux nefs égales par d'énormes piliers carrés. Il s'élève à 4 mètres seulement au-dessus du niveau général et est orienté à l'Est. Nous baisons, violemment émus, le pavage indiquant la place où Jésus fut dépouillé de ses vêtements (Xme station).

Plus en avant, une grande mosaïque marque le lieu où les bourreaux clouèrent le Fils de Dieu à la croix.

L'autel de la Crucifixion appartient aux Franciscains, et, bouleversés jusqu'au fond de l'âme, nous prions abîmés au souvenir des scènes dont furent témoins ces mêmes endroits.

A droite une fenêtre grillagée laisse apercevoir la chapelle latine de Notre-Dame des Sept-Douleurs ou des Francs, dans laquelle on se rend par un escalier extérieur. Elle a 4 mètres sur 3 mètres et on y remarque un joli vitrail.

A gauche de l'autel du Crucifiement, mais très simplement orné, se trouve celui du Stabat, dédié à la compassion de Marie. On dit chaque jour la messe sur ces deux autels.

La nef gauche du Calvaire est occupée par la chapelle de l'Élévation de la croix et qui appartient, hélas ! entièrement aux Grecs. Un disque de métal, placé sous l'autel avec une inscription latine, atteste seul le droit des catholiques d'y venir prier et gagner les indulgences.

Nous baisons la place sertie d'argent où fut plantée la croix. La tradition rapporte que Jésus regardait l'Occident, et les trous des gibets des deux larrons sont indiqués par une dalle de marbre noir.

Sous une plaque mobile, à droite de l'autel, se trouve la fameuse fente du rocher, à la distance de 1ᵐ 50 de la croix du Sauveur. Les savants prouvent que la fissure, produite par le tremblement de terre à la mort de Notre-Seigneur, est contraire aux lois de la nature et miraculeuse par conséquent. Elle a environ 1 mètre de long sur 15 centimètres de large et on peut facilement y enfoncer la main. L'autel de l'Érection de la Croix est magnifiquement décoré de peintures, de mosaïques, et des statues représentent la scène où Jésus nous donna à sa Mère dans la personne de saint Jean.

C'est bien là que le sang du Christ a jailli sur ce sol des plaies de ses pieds et de ses mains ; la croix reposait sur ce roc ; Jésus mourant a exhalé ici, avec les suprêmes délicatesses de son cœur, sa plainte résignée et sa prière ardente pour nous tous qu'il voyait distinctement dans le lointain des âges et qu'il couvrait de son miséricordieux amour. Quel endroit est plus saint que celui-ci ?...................

Descendant par l'escalier des Grecs, nous allons visiter la Crypte du Calvaire, appelée chapelle d'Adam. D'après la croyance populaire, le tombeau du premier homme s'y trouvait, et derrière un autel dédié à Melchisédech, on nous montre la prolongation de la fente du Golgotha et les tombes de Godefroy de Bouillon et de Baudouin, premiers rois latins de Jérusalem, dont les cendres furent jetées au vent par les Kharesmiens, avant que ces monuments ne fussent détruits par les Grecs.

Nous avons terminé la visite du Saint-Sépulcre, mais il y a encore à monter sur les terrasses et à se promener au milieu des coupoles noires et blanches en considérant la foule bigarrée.

C'est de ces sommets, surplombant le parvis, que

les moines grecs firent pleuvoir en 1901 une grêle de pierres sur les Franciscains, massés devant le portail et sur les degrés de l'escalier des Francs, dont ils défendaient l'accès aux schismatiques au prix de leur sang.

Tous les jours après les complies, les Pères font une procession avec chants liturgiques. Elle part de la chapelle de l'Apparition, suit à gauche les arceaux de la Vierge, descend à la chapelle de Sainte-Hélène et de l'Invention de la Croix, monte au calvaire, encense la pierre de l'Onction et finit au Saint-Sépulcre. Tous les catholiques peuvent la suivre et vénérer ainsi les principaux sanctuaires de la basilique, en gagnant les neuf indulgences plénières qui y sont attachées.

H. et moi remontons lentement vers notre logis en devisant sur tout ce que nous venons de voir et d'éprouver.

Après avoir longé l'hospice des Franciscains, la Casa Nuova, dans une rue tellement étroite qu'on ne peut s'y croiser avec un chameau ou même avec un âne, nous arrivons chez les Frères des Écoles chrétiennes qui nous ont invités à assister au salut solennel donné en l'honneur de leur fondateur, saint Jean-Baptiste de la Salle. Un Dominicain est en chaire et doit parler fort éloquemment ; mais nous sommes obligées de rester dans l'embrasure de la porte, ce que nous ne pouvons regretter vu la chaleur suffocante qui règne dans cette chapelle de dimension restreinte.

Je plains les pauvres Samaritains qui fournissent aujourd'hui l'étape si longue de Djenin à Naplouse, par cette température effroyable causée par le khamsin, qui nous apporte tous les sables brûlants du désert et la vapeur bouillante de la fournaise de la mer Morte. Combien il nous tarde de les voir tous revenir en bonne santé !

Après la bénédiction du Saint-Sacrement nous visitons sommairement l'établissement, où nous voyons les restes d'une « forteresse de Goliath », comprenant les soubassements d'une tour quadrangulaire avec quatre assises de grosses pierres de taille lisses et de larges piliers formés de blocs à bossage. Il est près de 6 h. 1/2 et le soleil s'incline à l'horizon. Nous montons sur la terrasse de Notre-Dame de France, d'où l'on jouit d'un panorama magnifique.

Doré par le soleil couchant, le Mont des Oliviers s'élève devant nous, tout resplendissant de la gloire du Seigneur. La tour grêle des Russes dresse ses six étages à l'allure vulgaire, semblant marquer comme un doigt indicateur la prise de possession du sol. Les autres constructions sont à peine visibles et les flancs de la montagne de l'Ascension et du Scopus paraissent dénudés.

En ramenant nos yeux vers le Nord, nous admirons un quartier tout neuf et européen créé autour de nous.

Voilà le vaste et splendide couvent des Dominicains et l'église de Saint-Étienne, plus loin une coupole noire, celle des Abyssiniens, puis les consulats et les constructions russes, enfin sur la colline dominant la route de Gaza, le couvent grec de Sainte-Croix.

Les créneaux des murailles de la Ville-Sainte, El-Kuds, comme l'appellent les Arabes, se laissent dépasser par une foule de minarets d'où la voix stridente du muezzin appelle les croyants de l'Islam à la prière.

La coupole du Saint-Sépulcre et les terrasses du couvent franciscain de Saint-Sauveur, l'église française de Sainte-Anne et celle de l'Ecce-Homo, s'étagent dans l'intérieur de la ville. Enfin, dans le Sud, le cercle des montagnes de Bethléem ferme l'horizon limpide.

L'obscurité est venue. En Orient il n'y a pas de crépuscule et point de transition entre la clarté du jour, gamme d'une variété fabuleuse de tons, et les ombres de la nuit plus saisissantes dans cette contrée peuplée surtout de tombeaux.

Nous retrouvons à 7 heures nos places à table et le Père M. L. donne le programme du lendemain, qui consiste à se reposer. La grande église de l'hôtellerie nous réunit à 8 h. 1/2 aux pieds du

Seigneur, afin d'y recevoir sa bénédiction qui viendra tous les soirs couronner notre journée et protéger notre sommeil.

Les indulgences du Tombeau de la Vierge, qui appartient maintenant aux orthodoxes, ont été reportées par Sa Sainteté Léon XIII dans ce sanctuaire.

La statue de Notre-Dame de Salut, au-dessus de l'autel, est encadrée d'un rayon lumineux d'électricité et sourit radieuse à notre assemblée. L'orgue accompagne mélodieusement les chants excellents des jeunes novices, qui varieront chaque fois les motets liturgiques et les cantiques auxquels les pèlerins sont heureux de mêler leurs voix et leurs prières. H. et moi tombons de fatigue et nous sommes ravies de la promesse aimable faite par M. l'abbé A. de ne célébrer demain la sainte messe qu'à 9 heures. Nous souhaitons rapidement bonsoir à notre entourage et nous nous jetons avec délices dans les bras de Morphée.

SAMEDI, 16 MAI. — Cette première nuit à Jérusalem a été excellente, bercée par les rêves qui doivent enchanter celui qui vient de soulever un coin de ce mystérieux passé.

Grâce à notre complaisant aumônier, nous entrons dans la petite chapelle du Sacré-Cœur, siège de l'Association des Croisés du Purgatoire, œuvre bénite et encouragée par le Saint-Père. Elle est décorée de merveilleuses mosaïques composées et exécutées par un artiste Assomptioniste, le Père E. Il y a deux ans, j'étais allée plusieurs fois dans son atelier le voir travailler et assembler avec goût les petites pierres multicolores dont la réunion charme aujourd'hui la piété. Sa sainte Cécile est en place et je regrette qu'il n'ait pu finir l'ornementation de ce bijou d'église. J'aime la paix sereine qui règne dans ce lieu de prières où deux dévotions chères à nos âmes chrétiennes se trouvent associées.

Notre messe est « très couleur locale », si je puis ainsi m'exprimer : un Arabe à la haute et vigoureuse stature répond correctement au prêtre et s'acquitte très respectueusement de ses fonctions d'enfant de chœur, chaussé de babouches, coiffé du tarbouch rouge, revêtu de la longue redingote à rayures bleues et blanches et enfin du pantalon-jupon ! Tout cet ensemble peu banal me donne quelques distractions, qu'il faut tâcher de réparer par une fervente prière pour tous les nôtres et pour les bons religieux qui nous accueillent avec tant de dévouement.

A déjeuner, on nous donne des nouvelles des pauvres Samaritains qui peinent horriblement et ont beaucoup de difficultés pour arriver aux étapes. Nous le comprenons facilement puisque nous-mêmes étouffons sans remuer sur ce plateau. Que ne doit-on pas souffrir dans les gorges resserrées de la Samarie ?

L'après-midi étant libre, nous organisons une promenade à cheval.

Le concierge de Notre-Dame de France, fixé à Jérusalem depuis un temps immémorial, nous procure la cavalerie requise : six chevaux et quatre ânes. Nous sommes sous la conduite des Pères O. et H., tous deux amateurs de chevauchées et qui nous sont des guides et des cicerones instruits. M* V. de K., le docteur R. et nos charmantes amies P. partent avec nous.

Nous essayons au moins trois ou quatre montures avant de nous décider, et, notre choix fait, les prix débattus, nous filons escortés d'un petit moukre qui trotte derrière nous et pique nos ânes dès qu'ils font mine de ralentir. — Il pousse des « han! han ! » équivalant aux hue et dia des charretiers français, et la cavalcade part au triple galop dans un nuage de poussière ensoleillée.

Nous admirons la porte de Damas, la plus importante des sept qui percent l'enceinte. Avec ses créneaux pointus, elle présente un beau specimen du xvie siècle. Soliman la fit restaurer en 1537. On la nommait au xviiie siècle la porte Saint-Étienne, parce que l'église dédiée à ce martyr était près de là. Des fouilles pratiquées ici ont prouvé qu'elle est bâtie sur une autre plus ancienne, car on y a trouvé une piscine et un reste de mur composé de blocs de refend. On voit encore les vieilles rangées de pierres dans lesquelles les Turcs ont pratiqué des incisions pour les moderniser. La porte est une construction à redans aux grands battants garnis de fer. Elle est percée à travers deux tours, entre lesquelles on voit parfaitement le cintre d'une antique porte flanquée à l'intérieur de deux colonnettes surmontées d'un tympan ogival, ce qui lui a donné son nom arabe actuel : Porte des Colonnes, Bab-el-Amoud.

Nous laissons à droite la route qui descend vers le Cédron pour prendre celle de Naplouse au nord, côtoyant ainsi les constructions et les fouilles des Dominicains où nous nous arrêterons un autre jour. Ce chemin tracé lors de la venue de l'empereur d'Allemagne est très bon ; après avoir traversé un quartier neuf et des champs d'oliviers et de blé, au bord du « Tombeau des Rois, » grandes et intéressantes cavernes sépulcrales, nous nous élevons sur le Scopus et jouissons de là d'un panorama étendu sur toute la ville.

Le grand-prêtre Jaddus a apaisé ici même la fureur d'Alexandre et lui a imposé le respect de la main de Dieu.

Titus, puis les Croisés établirent leur campement sur ces hauteurs, et c'est de là que ceux-ci, après des fatigues inouïes, purent contempler les murailles de la Sainte-Cité. Nous suivons le flanc de la montagne, mais les coursiers aux longues oreilles ne veulent pas aller du train des pégases orientaux, ce qui est bien dommage. Nous entrons à cheval dans un vestibule et mettons pied à terre dans une belle cour intérieure. Le Père H. nous raconte que cette maison appartient à des Anglais, absents en ce moment, et avec lesquels il est en relation à propos de peinture. Ayant la permission d'introduire chez eux ses amis, il nous fait admirer la vue superbe qu'on a de leur terrasse sur toute la vallée du Jourdain marquée par une ligne de verdure.

La mer Morte étincelle dans le Sud-Est, un océan de croupes arides s'abaisse jusqu'à elle et nous la dominons de près de 1300 mètres.

Nous cueillons des fleurs ravissantes, des roses, géraniums, héliotropes, jasmins. Tout cela pousse avec une abondance surprenante et un coloris éclatant, parce qu'une source intarissable court en ruisseaux limpides tout autour de nous.

Les gardiens nous offrent du café qu'ils viennent de préparer à notre intention. Sur un plateau laqué, des tasses grandes comme des dés à coudre dans des soucoupes minuscules, nous servent à déguster ce café oriental, bouillant et exhalant un arome exquis.

Refuser serait une injure, l'usage voulant qu'on présente, à l'étranger pénétrant dans un intérieur, une boisson réconfortante. On brûle le café, on l'écrase ensuite dans un mortier, on jette dessus l'eau en ébullition, il est prêt à être avalé au bout de quelques minutes avec le marc, conservant ainsi entièrement son parfum.

Nous sommes à cheval, chargés de bouquets, et galopons jusqu'au village de Kefr-el-'Tour. Le mont des Oliviers est assez étendu et divisé en quatre cimes. La végétation est pauvre, on rencontre des figuiers, des caroubiers, des aubépines et quelques abricotiers.

Nous laissons à notre gauche les misérables maisonnettes en pierre aux importuns habitants et admirons le panorama splendide qui s'offre à nos regards émerveillés.

Au-dessus de la profonde vallée du Cédron, la plateforme du Haram-el-Chérif (esplanade du temple), avec les mosquées d'Omar et d'El-Aksa, présente un magnifique coup d'œil. Au Nord la ville monte avec l'ancien faubourg de Bezetha, et on remarque à peine la dépression des Tyropéons. — Les toits plats en terrasses, les coupoles, les créneaux des remparts, les croissants et les croix, les clochers et les minarets, donnent à la cité un caractère unique.

La transparence de l'air est telle que la distance paraît peu considérable, et cependant je songe qu'il faut chevaucher sept heures pour descendre à la mer Morte.

Les montagnes bleuâtres au-delà du lac Asphaltite avec le mont Nebo sont à notre hauteur, c'est-à-dire à 830 mètres, et nous en sommes séparés par un gouffre de 1 300 mètres.

Plus près de nous s'élèvent le mont du Scandale qui masque Béthanie, et celui du Mauvais-Conseil au-dessus de la Gehenne et d'Haceldama, et, dans la plaine des Rephaïm, le couvent de Mar-Elyas indique le passage de la route de Bethléem invisible d'ici.

Continuant notre promenade, nous laissons, sans y entrer, la mosquée de l'Ascension et le couvent du Carmel, et, par un étroit sentier, nous nous engageons dans la direction de Bethphagé.

C'est la voie suivie par Notre-Seigneur allant se reposer dans l'intérieur de Lazare et de ses sœurs après ses prédications au Temple. C'est aussi là que, le jour de son entrée triomphale, la foule étendait ses vêtements et coupait les palmes et les branches d'oliviers pour les jeter sous ses pieds, en faisant retentir les airs de ses Hosannah enthousiastes qu'elle devait changer quatre jours plus tard en Crucifigatur impérieux.

Aujourd'hui nous croisons seulement quelques misérables fellahines rapportant sur leurs épaules un maigre fagot dérobé aux buissons voisins, et nulle d'entre elles ne songe une seconde aux événements sensationnels qui occupent toutes nos pensées, quand nous arrivons à les reconstituer dans leur cadre.

Le chemin est à moitié éboulé et nous y passons lentement avec des excès de prudence. A 2 kilomètres environ, une petite chapelle marque l'emplacement de Bethphagé où Jésus monta sur l'ânon, le jour des Rameaux.

Elle appartient aux Franciscains, mais elle est fermée en ce moment, et nous en examinerons une autre fois les fresques curieuses. Il est tard et nous ne pouvons poursuivre jusqu'à Béthanie. Nous accrochant comme des fourmis aux flancs de la colline, nous descendons dans le ravin qui va rejoindre plus bas la route de Jéricho qui nous ramènera à Jérusalem par le Cédron.

Les chevaux sentent le passage tellement dangereux qu'il faut les cravacher pour les décider à avancer.

Nous galopons bientôt à toute vapeur et dominons la profonde et silencieuse vallée de Josaphat, ayant derrière nous les maisons de Siloé.

Nous nous arrêtons à Gethsemani et nous entrons dans l'église de l'Assomption qui renferme le tombeau de la Sainte Vierge.

Ce fut longtemps après sainte Hélène, quand les hérésies vinrent attaquer la Mère de Dieu, qu'on s'occupa du lieu de sa naissance et de sa sépulture. L'église, bâtie sur la tombe de Marie, est due aux libéralités de l'impératrice Eudoxie, postérieurement au Concile d'Éphèse, vers 430 par conséquent. Les bandes de Chosroès la détruisirent, mais elle se releva de ses ruines vers 670 pour être de nouveau anéantie par les Arabes au xie siècle.

Godefroy de Bouillon y installa un couvent de Bénédictins qui la reconstruisirent telle que nous la voyons aujourd'hui. Le monastère est rasé, mais les vainqueurs musulmans ont respecté le sanctuaire consacré à *Sitti Mariam*, Madame Marie.

En 1363, la reine Jeanne de Naples avait obtenu un firman qui mit les Franciscains en possession du monument jusqu'en 1759, et les Grecs s'y sont alors installés au mépris de tous les droits.

La coupole a disparu depuis longtemps; il ne reste que la crypte en forme de croix latine (36 mètres sur 8 mètres), sans aucune sculpture, et l'obscurité la plus complète y règne depuis que l'exhaussement du niveau de la vallée en a obstrué les fenêtres.

Un escalier descend au parvis de l'église; le portail, avec une belle arcade en ogive, a été muré, mais on y a ménagé une porte plus petite. Un grand escalier de marbre, large de 6 mètres, descend immédiatement jusqu'à 12 mètres au-dessous du parvis (48 marches). A droite nous remarquons une porte murée qui pénétrait dans la grotte de l'Agonie, et aussi des autels dédiés à saint Joachim et à sainte Anne.

L'église est orientée, mais on y entre par le sud. Un grand nombre de lampes éclairent l'intérieur, très sombre malgré tout. Au milieu de l'aile principale, le cercueil de Marie, se composant d'un sarcophage taillé dans le rocher, est placé dans un petit édicule carré comme au Saint-Sépulcre.

C'est là que les Anges enlevèrent dans le ciel le corps de leur souveraine. Mais qu'il est triste de penser que les Grecs, les Arméniens, les Abyssins y ont leur autel, que les Musulmans y possèdent un mihrab, et que, seuls, nous catholiques, sommes exclus publiquement de ce lieu de prières sur le tombeau de Marie, la Mère de Notre Sauveur !

Du parvis de l'église, une galerie conduit à gauche par une petite porte de fer dans la grotte de l'agonie de Notre-Seigneur, qui mesure 17 mètres sur 9.

Six marches y descendent et la lumière y pénètre d'en haut par une ouverture naturelle ; les parois de la voûte sont revêtues de vieilles fresques dégradées par l'humidité. On y a placé trois autels et on y célèbre la messe tous les jours. Il fait bon prier dans cet endroit où retentirent ces paroles du Seigneur : « Que votre volonté s'accomplisse. » On aime à les redire volontiers pour les heures où il nous faudra accepter l'épreuve avec résignation. De l'autre côté du raidillon qui mène au sommet du mont des Oliviers, se trouve le jardin de Gethsémani.

Le cadre répond parfaitement à la donnée évangélique : dans cette vallée, aux pentes escarpées, où le bruit des fêtes pouvait moins pénétrer, le jardin demeurait désert et silencieux, abritant la prière du Sauveur. Non loin de là quelques ruines sont les restes d'une vaste église de sainte Hélène, qui a subi le sort commun de destruction et de réédification de tous les monuments chrétiens.

Une roche plate, près de la porte du jardin, nous désigne le lieu où les Apôtres témoins de la Transfiguration s'endormirent pendant la veille douloureuse de leur Maître. A dix pas, toujours en dehors de l'enclos, une colonne, engagée dans la muraille, indique l'endroit du baiser de Judas. Le jardin, où Jésus aimait à se recueillir et où il fut arrêté, est un carré irrégulier. Huit vieux énormes oliviers, fendus par l'âge et soutenus par de la maçonnerie, abritent de leur ombre les gracieuses plates-bandes admirablement cultivées par les Franciscains. Si ces doyens de la Palestine ne sont pas les contemporains de Notre-Seigneur, ils sont pour le moins les rejetons de ceux qui assistèrent au commencement de la Passion.

Les quatorze stations du chemin de la Croix sont alignées tout autour du mur qui défend le jardin contre les déprédations des Arabes.

Nous nous promenons silencieusement dans les petites allées soigneusement ratissées, et nous avons la joie d'obtenir la faveur de cueillir nous-mêmes quelques pensées et des brins de romarin, poussés et fleuris sur cette terre particulièrement sanctifiée. Nous les conservons précieusement pour en faire des largesses à nos amis de France moins heureux que nous.

Le soleil baisse, l'ombre descend sur Jérusalem. L'enceinte fortifiée du Haram nous domine, écrasante, de la hauteur de ses créneaux patinés par le temps et la poussière. Cette vallée, peuplée exclusivement de tombeaux, prend un aspect encore plus sinistre à l'approche de la nuit, et les stèles brisées, les mausolées éventrés, ont des allures de silhouettes fantastiques. Nous remontons hâtivement à cheval et remarquons au milieu du rempart la Porte Dorée, en turc Bab-el-Dahiryeh. Les trois piliers, ornés de demi-colonnettes et couronnés d'arceaux, entourent la porte double entièrement murée et donnant à l'intérieur sur l'esplanade dans une antique chapelle que personne ne visite ordinairement.

La haute muraille dentelée évoque l'image d'une forteresse moyen-âgeuse, avec la vieille tour des Cigognes et la petite porte d'Hérode, Bab-es-Sahari, ouvrant sur le quartier musulman.

Nous descendons de nos coursiers devant Notre-Dame de France, enchantés de notre journée et reconnaissants envers ceux qui nous ont si bien guidés dans cette excursion très pittoresque.

On a reçu de mauvaises nouvelles des Samaritains : plusieurs pèlerins ont failli périr dans le voisinage de Sichem et huit d'entre eux sont restés en détresse chez le curé de Naplouse, soignés par la sœur Camomille. Les autres sont hors d'état de parvenir à cheval jusqu'ici, et, demain matin, dès l'aube, dix-sept voitures, réquisitionnées par la Direction, partirent à leur rencontre aussi loin que possible, c'est-à-dire à El-Biré, à 3 h. 1/2 de Jérusalem ! Pauvres gens ! Nous espérons que c'est exagéré et nous pensons ce soir à leur dernière nuit sous la tente à Sindjïl.

Quant à nous, nous sommes sans nouvelles de la R. Comme c'est long ! Voilà déjà quinze jours que nous disions adieu aux chers nôtres à Marseille.

DIMANCHE, 17 MAI. V^e après Pâques. — Ce matin le pèlerinage se réunit au Calvaire où se célèbre à 6 h. 1/2 la messe de communauté. On nous défend de chanter comme de coutume, les Grecs faisant aujourd'hui « l'ouverture » et officiant au Saint-Sépulcre.

Le mot « payer l'ouverture » serait plus à sa place, puisqu'il s'agit de distribuer de l'argent, du café, du charbon et des cierges aux portiers musulmans qui détiennent les clefs de la basilique.

Le custode de Terre-Sainte ou supérieur des Franciscains, celui des moines Grecs et celui des Arméniens, ont seuls ce droit et le gardent jalousement.

Il faut donc que nous respections l'ouverture faite aujourd'hui par les Grecs, et nous devrions presque leur témoigner de la reconnaissance, pour nous laisser silencieusement prier au Calvaire et célébrer timidement sur nos autels.

Pendant notre cérémonie, leurs cris aigus montent jusqu'à nous, troublant notre grande paix, et nous rappelant les vociférations que le Sauveur du monde supportait sans plaintes du haut de sa croix. Ces clameurs deviennent poignantes à entendre dans cet endroit et à cette heure bénie, où nous assistons au drame de la Rédemption renouvelée sur l'autel même du premier Sacrifice.

Qu'y a-t-il de plus émouvant pour nos âmes chrétiennes que les paroles liturgiques de la messe de la Passion que nous répétons avec le Psalmiste : « Je chanterai les miséricordes de Dieu éternellement. » Nous conjurons le Seigneur de nous placer à sa droite au jour du jugement dernier puisqu'Il nous a rachetés là de son sang précieux. La prophétie de Zacharie « Ils regarderont vers moi qu'ils ont percé » est pleinement réalisée aujourd'hui.

L'Évangile nous retrace la scène de la mort du Christ racontée par saint Jean. L'imagination fait revivre le soldat approchant le vinaigre de la bouche desséchée du -Crucifié qui a laissé échapper cette plainte : *Sitio*. Mais c'était des âmes que le Sauveur avait soif, et ce cri douloureux retentit encore distinctement en nous, malgré les dix-neuf cents années qui nous séparent de ce jour palpitant, et nous invite à lui donner volontiers nos cœurs.

La messe au Calvaire est une de mes plus fortes

impressions de Terre-Sainte et j'en ai rapporté un souvenir bien ému.

Nous rentrons toutes deux paisiblement à Notre-Dame de France, et malgré la chaleur accablante, nous allons chez les Dames Réparatrices qui ont un grand couvent et une belle chapelle en face de l'hôpital Saint-Louis. Les Sœurs de Charité ont aussi notre visite, et je retrouve avec grand plaisir Sœur Sion, supérieure de l'établissement depuis déjà de longues années.

Après le déjeuner, nous nous installons, anxieuses, sur les marches du perron intérieur de l'hôtellerie, absolument comme des mendiants, pour attendre nos chers voyageurs de Samarie. Les vigies placées au sommet des tours doivent signaler les dix-sept voitures quand elles apparaîtront au haut du Scopus, et toutes les cloches se mettront alors en branle. Le Père O. et M\u02b3 V. de K. sont allés ce matin dès l'aube leur porter le courrier et ils reviennent à franc étrier calmer nos inquiétudes.

A 2 heures tous ces malheureux débarquent littéralement cuits et bronzés au soleil; mais grâce à Dieu ils sortiront tous sains et saufs de cette équipée. Les cloches résonnent sans relâche et nous recevons nos amies avec les démonstrations les plus vives. Tous crient famine, ce qui est bon signe : nous leur pelons force oranges, et le pain, le fromage, les fruits, la confiture disparaissent en un clin d'œil.

Ils nous racontent que jusqu'à Djennin, tout allait assez bien, mais la traversée des défilés de la Samarie les a exténués. Près de Sebastieh, Mme C. tombe atteinte d'insolation et elle est administrée à l'ombre d'un olivier. Le dévouement de toute la caravane et les soins intelligents de la Sœur Camomille l'ont sauvée d'une fin imminente, et aujourd'hui elle se porte à merveille. Le Père Fr. X., le chanoine W., l'abbé W., Mlle de C., Mme I., sont aussi en mauvais état. Il faut remercier le ciel de n'avoir rien de grave à déplorer. A 5 heures nous nous réunissons à la chapelle d'où partira notre belle procession d'entrée solennelle au Saint-Sépulcre.

Cette imposante manifestation est toujours regardée avec avidité par la population, qui a une grande sympathie pour les pèlerinages français. Notre drapeau, escorté par les cawas du consulat, précède la croix qui est portée ostensiblement et librement dans les rues de la ville turque. Les soldats du pacha font ranger la foule et arrêtent toute circulation sur notre parcours.

Nous sentons frémir d'aise notre fibre catholique et patriotique, et nous relevons joyeusement la tête, tandis qu'une pensée affreusement triste vient obscurcir nos fronts.

Ah ! il faut que nous soyons bien loin de notre France, pour qu'il nous soit permis de promener triomphalement le Conquérant de l'Univers ! Ici, terre de l'Islam, les cloches de tous les couvents emplissent l'air de leurs puissantes vibrations et nous chantons de toutes nos forces : « Je suis chrétien, c'est là ma gloire. »

Le consul général de France et sa maison, celui de Jaffa, toutes les autorités et les communautés de Jérusalem se sont joints à notre cortège, qui circule, bannières déployées, dans les rues étroites et tortueuses de Jérusalem.

Faisant le tour par un boulevard extérieur, nous entrons dans la ville par la porte de Jaffa ou Hébron, Bab-el-Khalil des Arabes, sise à l'Ouest. Elle n'a rien de remarquable, sinon la brèche pratiquée à droite dans la muraille lors de la venue de l'empereur Guillaume ; ses alentours sont toujours très animés par des loueurs de chevaux, de voitures et les selliers comme les maréchaux-ferrants n'y manquent pas. C'est la promenade habituelle des habitants et de nombreux cafés étalent leurs terrasses au-dessus de la route de Bethléem.

Nous traversons ensuite une partie des bazars assez curieux, et débouchons sur le parvis du Saint-Sépulcre. Après quelques minutes d'attente, les deux battants de la porte sont ouverts, et sous les yeux d'une population attentive et respectueuse nous nous engouffrons dans l'immense basilique.

Les tribunes sont combles, une multitude d'étrangers nous surveille avec des physionomies où se devine la haine sous un masque d'indifférence.

Devant le Saint-Sépulcre, le Père François-Joseph, Franciscain délégué par le Révérendissime Custode, nous souhaite la bienvenue, parlant avec éloquence du Père Picard et de la France restant la protectrice des Lieux-Saints ; il acclame avec bonheur les noces d'argent de ce magnifique mouvement des pèlerinages de pénitence, seconde édition des croisades. Son discours, très français, nous réconforte, et c'est avec reconnaissance que nous chantons le *Te Deum* avant de pénétrer dans l'Édicule sacré.

Nous regagnons Notre-Dame de France en nous réjouissant d'être tous réunis à Jérusalem, puisque les éclopés en détresse à Naplouse viennent de rentrer au bercail.

LUNDI, 18 MAI. Les Rogations. — Aujourd'hui, c'est le custode de Terre-Sainte qui « fait l'ouverture » et notre messe solennelle va avoir lieu au Saint-Sépulcre. Dans le chœur des Latins, des prie-Dieu et fauteuils de velours attendent Mr Boppe, consul général, qui assiste à la cérémonie en grand uniforme ainsi que tout son personnel. Les cawas avec leurs hallebardes font l'office de suisses de cathédrale, leurs jolies vestes de drap bleu, brodées et soutachées d'or et d'argent, leurs cimeterres damasquinés et leurs fez rouges brillants de pierreries ajoutent une note qui nous semble contemporaine des contes des mille et une nuits.

La messe commence à 6 h. 1/2 sur le saint Tombeau même avec diacre et sous-diacre. Les simples fidèles, rangés dans la grande rotonde, ne peuvent la suivre des yeux, mais ils s'unissent de toute leur âme au Saint-Sacrifice, tandis que la maîtrise de Notre-Dame de France exécute avec talent la messe grégorienne. En ce jour la fête de Pâques nous comble de joie et de confiance. « Je suis « encore avec vous, *alleluia*, devenez une pâte nou- « velle avec les azymes de la sincérité et de la « justice. » « Célébrons ce jour que le Seigneur « a fait ; réjouissons-nous et louons sa bonté et sa « miséricorde » nous répète la sainte liturgie.

L'officiant vient chanter l'Évangile à l'extérieur et nous l'écoutons tout vibrants : l'effroi et l'inquiétude des saintes Femmes à l'apparition de l'Ange et à l'annonce de la Résurrection de Celui qu'elles venaient embaumer, nous semblent des échos de l'au-delà ! Nous entonnons avec ardeur le *Credo*, l'affirmation de notre foi, que Dieu nous permet d'exalter sur le lieu de son triomphe et à la face des mécréants. Quel gage plus certain du bonheur futur que celui qui nous est donné en recevant le Maître de la vie à l'endroit même où il vainquit glorieuse- ment la mort, cette solde inévitable du péché.

Après la messe d'actions de grâces et une visite au Calvaire, nous récitons à 9 heures les prières des Rogations avec les Franciscains. Les litanies se chantent sur un ton allègre et elles comprennent une quantité incroyable de saints et de saintes, invoqués en évoluant à une allure martiale autour du Saint-Sépulcre et de la Pierre de l'Onction.

Tout se terminant ici-bas, nous quittons la basilique un peu tardivement, mais emportant avec nous des impressions de profonde joie. Nous sortons l'après-midi avec d'aimables compagnons pour circuler dans la ville et refaire connaissance avec les murailles de Jérusalem.

Nous dirigeons d'abord notre promenade vers le nouveau bazar, à tournure européenne, et nous ouvrons nos yeux au spectacle ahurissant de cet enchevêtrement inouï de bêtes et de gens. Nous voici dans la rue de David, marché aux céréales, où débordent les tas de grains et les paniers d'écorce remplis de fruits. Nous montons sur la terrasse d'un café à l'angle de la « Rue des Chrétiens » et nos regards s'étendent sur le Birket Hammam El Batrak, l'Étang du Bain du Patriarche, appelé aussi Piscine d'Ézéchias. Il mesure 73 mètres de long sur 44 mètres de large. Complètement encadré par de hauts bâtiments, cet immense réservoir produit un effet étrange, plongé ainsi dans l'ombre et le silence, mais entouré d'une population grouillante et animée.

Une hirondelle rapide vient raser de son aile moirée l'eau stagnante, qu'on devine boueuse, pendant qu'en face de nous une main invisible laisse

descendre au bout d'une corde une cruche de grès,
qui se remplit lentement et disparaît ensuite avec le
même mystère.

De cette terrasse, je contemple aussi la Citadelle,
dite « **Fort de David** », assemblage irrégulier de
maçonnerie avec un fossé; une épaisse muraille en
forme le soubassement; les pierres, de beaux blocs
de refend, sont sans doute les fondations de la Tour
de Phasaël décrite par Josèphe. C'est un des rares
spécimens des anciennes tours de Jérusalem, celle-
ci a 12 mètres de hauteur et elle est presque
massive.

Lors du siège par les Croisés en 1099, elle résista
à leurs attaques pendant très longtemps et finit par
être emportée d'assaut par Raymond de Toulouse et
Tancrède de Sicile.

Au lieu de la Croix et des lances des chevaliers,
c'est le croissant, flottant fièrement dans l'azur éclatant du ciel, qui abrite un pauvre magasin d'armes
et deux canons vieux modèle. Nous pénétrons
ensuite dans la rue du Change, où les vendeurs ont
leurs petites tables et leurs balances en plein air. Ils
ont des mines sournoises comme tous les Juifs du
reste, et je songe naturellement à la page de l'Évangile où il est raconté que Notre-Seigneur chassa les
marchands du Temple.

Nous passons dans le « souk » des cordonniers
où sont fabriquées les babouches à semelles en poil

6

de chameau. Leurs échoppes ont une devanture de peaux qui se tannent à force d'être piétinées.

Plus loin la rue « Malcuisina », où les plats de viande et de riz, aux couleurs variées, dégagent des odeurs inqualifiables et point du tout appétissantes ; les moutons et les chèvres, abattus tout fraîchement, sont dépouillés et dépecés au milieu des passants. Ces parages soulèvent le cœur tant ils sont répugnants et horribles à regarder.

Nous remontons rapidement dans la direction de la Halle aux blés où sont cachés les débris du « Mouristan », ancien hôpital des Chevaliers de Saint-Jean.

Sous Charlemagne, un hospice et un couvent de Bénédictins, profitant des bonnes dispositions du calife Haroun-al-Raschid, ont existé à la place où se trouve aujourd'hui l'église protestante du Rédempteur sur les ruines de Sainte-Marie-Latine ou la Grande.

On sait que, peu de temps avant les croisades, des pêcheurs napolitains construisirent ici un asile pour les femmes avec une église appelée Sainte-Marie-Mineure et située en face de l'autre. En 1107 Gérard de Provence y établit l'ordre des Religieux hospitaliers, qui prirent saint Jean-Baptiste pour patron et se dévouèrent au soin des pèlerins et à la défense des Lieux-Saints.

En 1291, après la prise de Saint-Jean d'Acre, dernier boulevard de la résistance aux Turcs, les chevaliers s'établirent à Chypre, à Rhodes, puis à Malte, après avoir abandonné l'église et le monastère qui furent transformés en caravansérail et tombèrent en ruines que les Grecs ont achevé de détruire, commettant un vrai meurtre archéologique.

On y élève maintenant un bazar à l'européenne, avec poutres de fer, ciment armé, béton, etc.

Je pense au milieu de ces débris aux scènes sublimes dont ce coin a été le théâtre et où se déroulèrent tant de dévouements ignorés, de science et de bravoure, dont Dieu seul est la récompense. Une mosquée, Sidna-Omar, accompagnée du minaret inévitable, est érigée, ainsi que les couvents grecs de Gethsemane et de saint Jean-Baptiste, sur leur emplacement en face du Saint-Sépulcre.

Nous rentrons assez tard de notre intéressante expédition, que nous recommencerons plusieurs fois encore, en nous enfonçant davantage dans le dédale des petites rues odorantes.

Le khamsin a cessé et la température devient délicieuse. On respire au sortir de la fournaise et tous les malades vont mieux. Nous nous attardons souvent le soir à l'hôpital chez notre amie Cl., si bien que Sœur Valérie est obligée de s'armer de son trousseau de clefs pour nous expulser.

Les corridors de Notre-Dame de France sont très pittoresques à cette heure-là : de grands Arabes stationnent quelques minutes à chaque porte, cirant les souliers qui s'y trouvent. Cette armée de glissants noctambules est presque impressionnante dans la semi-obscurité de 10 heures.

MARDI, 19 MAI. — A 5 h. 1/2 je sors de Notre-Dame de France pour aller rejoindre le pèlerinage dans la Grotte de l'Agonie. Il ne fait pas encore très chaud à cette heure matinale, mais il faut 25 minutes pour descendre jusqu'à Gethsémani. La Grotte, dans laquelle je suis déjà entrée samedi, est pleine de fidèles et c'est avec peine que je découvre un petit coin pour m'agenouiller.

Le Père M. L. est là et, par quelques paroles éloquentes, il nous invite à penser à l'angoisse douloureuse ressentie par le divin Maître à l'approche de sa passion, à la tristesse qui l'envahit en constatant le délaissement de ses Apôtres.

La nature divine et la nature humaine se sont livré un terrible combat à cette place même où Jésus-Christ, se faisant faible pour nous encourager à accepter les épreuves, s'est écrié : « Mon Père, s'il est possible que ce calice s'éloigne de moi ! Néanmoins, que votre volonté s'accomplisse et non la mienne. » Après avoir baisé le rocher à fleur de sol, ici où le marbre ne le dérobe pas à notre vénération, nous allons, imprégnés encore de l'austérité du site, au Jardin de Gethsémani, où nous attend un frugal déjeuner. Les Franciscains, par une marque toute particulière de confiance, ouvrent la grille du parterre et je puis circuler une seconde fois autour des oliviers séculaires, passer et repasser sous leur dôme argenté. Défense est faite de cueillir la plus petite feuille, les Pères se réservant de prélever une abondante moisson de fleurs qui seront envoyées et distribuées ce soir à Notre-Dame de France.

Après avoir longuement contemplé ce coteau tellement empli de souvenirs attachants pour nos mémoires chrétiennes, je prends pour rentrer, avec un petit groupe ami, le chemin des écoliers. Nous franchissons la porte Saint-Étienne appelée Bab-Sitti-Mariam ou de Madame Marie. A l'extérieur, au-dessus de l'entrée qui s'ouvre à l'Est, du côté opposé à la porte de Jaffa, on remarque deux lions de pierre en demi-relief qui datent de Soliman. Immédiatement après le corps de garde se trouve l'église de Sainte-Anne. Cet emplacement fut cédé par le sultan à Napoléon III après la guerre de Crimée et mis directement sous la protection de la France.

Nous sommes attirées dans l'établissement des Pères Blancs par quatre grands souvenirs : la maison de saint Joachim et de sainte Anne, leur sépulture, le lieu de la naissance de Marie et la piscine probatique. Le cardinal Lavigerie a installé là ses savants et dévoués pionniers qui dirigent avec zèle et succès le séminaire grec-uni du rite melchite. La crypte de Sainte-Anne est la maison de la mère de Marie, par conséquent le théâtre de la naissance de la Sainte Vierge. Dès 530 il est fait mention dans les chroniques du temps de l'église de Sainte-Marie de la Nativité qu'avoisine un monastère de religieuses.

Avec les croisades, on commence à parler du tombeau de Joachim et d'Anne dans une petite caverne taillée dans le roc et placée sous l'autel, près de la grotte de la Nativité. L'église change alors de nom, et des Bénédictines, parmi lesquelles plusieurs princesses royales, dont la fille de Baudouin, y établissent leur résidence. Mais Saladin, maître de Jérusalem, transforma Sainte-Anne en médressé (collège) habité par quelques santons qui firent acheter chèrement aux chrétiens le droit de prière.

La liberté s'accroit lentement et les ruines cachent bientôt le tombeau de saint Joachim et de sainte Anne, jusqu'en 1889, époque où les Pères Blancs découvrent la crypte funéraire.

L'église actuelle date des Croisés. Les musulmans y avaient fait de grandes réparations en 1842, mais devenue terre française en 1861, Mʳ Mauss la restaura dans le style du temps.

L'entrée est à l'Ouest et se compose de trois portails en ogive correspondant aux trois nefs. — L'édifice a 37 mètres sur 19 mètres. Les pilastres à l'intérieur supportent des arcades ogivales et au milieu du transept s'élève une coupole construite par les Arabes. Les absides sont rondes, et on y voyait autrefois des traces de fresques. L'autel principal est magnifiquement décoré, surmonté d'un riche baldaquin orné de marbres rares et de pierres précieuses. Dans la nef droite un escalier de 21 marches conduit dans la crypte en partie creusée dans le roc Elle est formée de trois pièces, converties en chapelles dans l'une desquelles on montre un riche berceau en dentelles offert par Marie de Médicis.

Je dois dire que c'est un jeune Turc qui nous renseigne sur ce bijou bien capitonné et enrubanné, qu'il nous assure être celui de la Sainte Vierge ! Une grotte attenante a contenu les corps des parents de Marie, les fouilles ayant démontré que c'est par erreur que la tradition s'était établie de les vénérer à Gethsémani dans l'église de l'Assomption. A une petite distance à gauche nous demandons à voir les restes de la piscine Probatique ou de Béthesda, célèbre par le miracle de Notre-Seigneur raconté par saint Jean dans son Évangile. Devant la grille qui interdit l'entrée aux profanes, nous pouvons lire en vingt-huit langues le récit de la guérison de cet homme paralysé depuis trente-huit ans et emportant son grabat sur un mot de Jésus !

Les Francs avaient élevé une église au-dessus de la piscine et nous en apercevons distinctement l'abside ruinée, ensevelie à moitié sous un déluge de fleurs et de verdure.

Pendant longtemps on a transporté à un réservoir

voisin, le « Birket Israël », le souvenir évangélique ; mais les travaux des Pères Blancs ont rendu toute hésitation impossible.

L'antique piscine était de vaste dimension ; un escalier humide, à marches glissantes, nous conduit au niveau de l'eau ; un Père nous éclaire et nous indique nettement les cinq portiques bizarrement disposés aux quatre côtés de ce long quadrilatère et un au milieu dans le sens transversal. On n'a pas terminé les recherches et il y a peu de profondeur dans la partie Nord. Quand il pleut en hiver, les eaux, habituellement boueuses, deviennent rougeâtres.

Nous sortons impressionnés à la pensée des événements que nous rappelle ce petit coin de terre, domaine de la France, prix du sang de ses héros de Crimée ! Nous suivons la rue Sitti-Mariam et passons devant le sanctuaire de la Flagellation où commence la Voie Douloureuse, et après l'Arc de l'Ecce Homo, nous tournons au coin de l'église du Spasme pour monter la rue où se trouvent la chapelle de Simon le Cyrénéen et celle de sainte Véronique.

C'est ensuite une partie du bazar entièrement voûté que nous franchissons avant de déboucher sur le parvis du Saint-Sépulcre, à l'intérieur duquel s'achèvent les prières des Rogations. Nous assistons, H. et moi, blotties à genoux dans la chapelle de l'Ange, à la messe dite dans le Saint-Tombeau et, presque seules, nous méditons délicieusement sur l'Évangile, en pensant à tous les sentiments des témoins de la Résurrection.

Aussitôt la messe achevée, les Grecs hurleurs se précipitent pour s'assurer notre place à la prière. C'est insupportable, cette pénible et perpétuelle collision de religions à laquelle on ne s'habitue jamais.

A 4 heures de l'après-midi, nous allons visiter le mont Sion avant de partir pour Bethléem.

Nous passons devant des couvents grecs tout neufs, et après le nouveau bazar nous arrivons près de la citadelle de David. Nous traversons ensuite le quartier arménien en laissant à gauche l'église de Saint-Jacques et les vastes dépendances du patriarcat arménien.

Nous sortons des murailles par la porte de Sion, Bab-Nébi-Daoud, porte du prophète David. Elle est percée dans une tour de l'enceinte et date de 1540, dit l'inscription.

Nous avons obtenu aujourd'hui la faveur insigne de pénétrer dans le Cénacle, ce qui est ordinairement refusé à tous les Latins, et nous frémissons de chagrin à cette condition si triste qui nous est imposée : ne pas faire un signe extérieur qui puisse être interprété comme une prière. Nous ne pouvons donc nous agenouiller sur l'emplacement de l'Institution de la sainte Eucharistie!

Tous rassemblés, nous sommes introduits dans une pièce du premier étage divisée en deux nefs par des colonnes où l'on reconnaît des restes d'église.

Les voûtes en ogive datent du XIVe siècle; dans un coin il y a un mirab, niche vers laquelle se tournent les croyants pour invoquer Allah et Mahomet! On montre à travers une grille un cercueil moderne, spécimen de celui de David qui, contre toute probabilité, doit se trouver dans les souterrains, affirment les Turcs.

Nous sommes dans la salle haute, où Pierre et Jean préparèrent le repas de la Cène. C'est là qu'ont eu lieu le Lavement des pieds et l'Institution de la nouvelle Pâque où fut fondé le sacerdoce chrétien !

Le sublime entretien de Jésus avec ses apôtres continué sur la route de Gethsémani, commença ici, où il nous appela si tendrement « mes amis. » Le soir de la Résurrection, Notre-Seigneur apparut dans le Cénacle, les portes étant closes; Il donna la paix à ses apôtres et institua le sacrement de Pénitence. Saint Thomas, absent, fut invité, huit jours après, à mettre son doigt dans les plaies du divin Ressuscité et enfin c'est là que, comme don et force suprêmes, le Saint-Esprit consolateur descendit sur les disciples.

Et dans cet endroit cher à nos âmes par tous ces titres, nous ne pouvons prier qu'en secret. Navrante pensée, n'est-ce pas, que n'adoucit nullement la joie inespérée d'avoir pénétré cependant jusqu'ici.

Au ive siècle une grande basilique avait remplacé le modeste et primitif sanctuaire, mais elle fut détruite au xie siècle. Les Croisés élevèrent un nouveau monument composé d'une église inférieure voûtée en arceaux et d'une autre supérieure voûtée en arêtes ; c'est la même disposition qu'on retrouve encore aujourd'hui à la Sainte-Chapelle à Paris.

En bas on vénérait le Lavement des pieds et l'Apparition à saint Thomas dans la nef du Midi, la Dormition (Trépas) de la Sainte Vierge dans celle du Nord. Au milieu une mosaïque représentait la Descente du Saint-Esprit qui y était honorée et l'église haute était consacrée au souvenir de la Cène.

Les chanoines réguliers de saint Augustin la desservirent jusqu'en 1231. L'opinion, égarée par une fausse interprétation donnée à l'Écriture Sainte, plaça alors le tombeau de David dans la basilique de Sion et excita ainsi les convoitises des musulmans, qui occupèrent jalousement ce terrain et firent abattre le monument. Nous voyons à l'extérieur deux piliers qui séparaient la grande nef de celle de saint Thomas, ce sont les seuls débris de l'antique basilique. Le sultan actuel a donné à l'empereur d'Allemagne la partie où était la nef Nord : les Bénédictins y établissent une abbaye et construisent l'église catholique allemande de l'Assomption. Les Franciscains possédaient dès le xiiie siècle un couvent sur le mont Sion et en 1342, Robert d'Anjou et Clément VI leur en cédèrent la garde à perpétuité. Ce sont eux qui ont édifié dans la nef méridionale la petite chapelle gothique où nous étions debout tout à l'heure.

En butte à mille tracasseries, ils furent définitivement chassés du Cénacle en 1551. C'est alors qu'ils fondèrent le couvent de Saint-Sauveur près du saint Sépulcre, dont le Supérieur porte le titre de « Gardien du mont Sion ».

A côté du monastère s'élevait un grand hospice, fondé en 1384, par une noble et pieuse dame de Florence, Sophie de Archangelis; c'est à présent un harem!... tandis que le Cénacle est converti en mosquée!...

Nous allons ensuite dans la maison de Caïphe, dont l'emplacement certain est très controversé. C'est à quelques pas du Cénacle, dans un couvent arménien. Une vigne gigantesque court tout autour d'un gracieux cloître moyen-âgeux qui représente l'atrium du grand-prêtre. La petite église à gauche serait la salle du sanhédrin et un réduit minuscule à droite, la prison du Sauveur.

Derrière l'autel nous voyons une grande pierre qu'on nous dit être une portion de celle qui fermait l'entrée du tombeau de Notre-Seigneur. Mais tout ceci est peu vraisemblable et n'offre pas de garanties d'authenticité. Nous remarquons dans la cour les tombeaux des Patriarches arméniens et un grand puits sculpté à l'endroit où se tenait saint Pierre quand il renia son Maître et entendit chanter le coq.

L'interrogatoire de Jésus, les faux témoignages, l'adjuration de Caïphe et la réponse du Christ trouvée digne de mort, tout cela nous revient à la mémoire.

Nous repassons ensuite devant le Cénacle pour entrer à l'Est dans le terrain des Assomptionistes, où le Père G. D., un orientaliste de première force, a pratiqué des fouilles très intéressantes qui amèneront la découverte de la basilique des Larmes de Saint Pierre in Gallicantu, présumée le véritable emplacement du palais de Caïphe. — Dès 333, le *Pèlerin de Bordeaux* mentionne la demeure du grand-prêtre entre la piscine de Siloé et le Cénacle, et plus de soixante-dix textes sont venus confirmer cette opinion.

L'église Saint-Pierre était dépendante dès le ve siècle d'un couvent arménien, et celui-ci, après avoir gardé ce sanctuaire jusqu'au xive siècle, émigra plus à l'ouest, tout en voulant conserver dans son domaine un souvenir aussi attachant ; c'est l'origine de l'erreur qui fait montrer aux pèlerins la maison actuelle de Caïphe, là probablement où elle n'était pas. C'est du vaste jardin du Gallicantu que l'on jouit de la vue d'ensemble de l'ancienne Jérusalem : L'Ophel avec les grandes mosquées de l'Esplanade, cité des Rois de Juda ; les Tyropéons, déclivité presque insensible aujourd'hui qui séparait la ville et le temple, et enfin la colline Occidentale avec le palais d'Hérode (Tour de David). — Dans la première moitié du IIe siècle, Adrien voulut tirer Jérusalem de ses ruines, et il l'orna des splendeurs d'une civilisation païenne en la baptisant du nom d'Œlia Capitolina. Une avenue, bordée d'une double colonnade, coupait la ville en deux, du Nord au Sud, et les traces en ont été reconnues dans cette partie-ci sur une longueur de 50 mètres : elle était pavée de larges dalles et on a retrouvé aussi une cour intérieure de maison romaine, avec les mosaïques d'une salle de bains et plusieurs briques à l'estampille de la Légion Decima.

Le promontoire d'Ophel qui, de l'angle de l'Esplanade, pique vers Siloé, est le berceau primitif de la ville de Jérusalem. Il a porté la citadelle des Jébuséens et la cité de David, connues aux temps bibliques sous le nom de Sion. Il n'y a pas de falsification possible, l'Ophel étant le seul point d'où l'on puisse monter de la ville au temple, selon l'expression des livres saints, et il est percé de l'Est à l'Ouest par le canal d'Ezéchias.

Sous Salomon la ville se développa et elle s'étendit dans la vallée des Tyropéons au couchant : c'est le Mello de cette époque. — Les Machabées construisirent sur le mont Sion actuel, dans le voisinage du Cénacle, une forteresse appelée Bethsour, et occu-

pèrent ainsi pour la première fois la colline occidentale qui fut reliée à l'enceinte du Temple.

Donc, au temps de Notre-Seigneur, cet immense
terrain, qui s'étend du Cédron jusqu'au Cénacle et
qui est aujourd'hui composé de champs plantés de
vignes et d'oliviers, était renfermé dans les murailles,
tandis qu'au Nord la ligne des remparts partait de la
tour de David pour aboutir à la forteresse Antonia
contre l'esplanade, laissant à l'extérieur le Calvaire,
le Saint-Sépulcre, et tout le quartier des Dames de
Sion et de Sainte-Anne. La ville était étendue bien
plus au Sud qu'à présent, et ce fut seulement sous
Hérode Agrippa que de nouvelles fortifications se
dressèrent sur le tracé actuel, enclavant le Golgotha,
le Gareb et Bézetha. Tout en se dilatant, la capitale
conservait ses anciens murs, de sorte que Titus eut
à franchir une quadruple enceinte lors du fameux
siège de 70.

Depuis cet anéantissement, expiation du déicide
dont elle s'était rendue coupable, Jérusalem a été
saccagée plus de vingt fois et des millions d'hommes
y ont été massacrés. Oubliée depuis le xvie siècle,
elle ressuscite des ombres de la mort à partir
de 1850 et s'éloigne de plus en plus vers le
Nord-Ouest à l'opposé de son noyau primitif; mais
elle avait il y a mille ans le même aspect que maintenant : ruelles étroites, tortueuses, mal pavées et
glissantes. — Somme toute, il ne demeure rien des

constructions salomoniennes et très peu des héro-
diennes. Tout a été enseveli sous la poussière
destructive du temps combinée avec les ravages
incessants des barbares, et il faut regarder les lignes
fuyantes des montagnes et les lointains horizons
restés immobiles, pour retrouver quelque témoin de
l'époque biblique. Sur cette pensée consolante, H. et
moi montons en voiture pour Bethléem, nous faisons
partie du petit groupe qui va assister à la messe de
minuit dans la grotte de la Nativité.

La route passe à l'étang du sultan, Birket-es-Soultan,
grand réservoir datant du xiie siècle. On a voulu
l'identifier avec la piscine où David aperçut Bethsabée,
mais c'est absolument impossible. Il a 170 mètres
de long sur 67 de large, et rempli de décombres, il
atteint à peine 13 mètres de profondeur.

Sans eau depuis Soliman qui le fit reconstruire,
on y fait des travaux considérables en ce moment
pour y amener l'eau des vasques de Salomon par
un aqueduc existant sous la domination romaine.

Nous suivons la vallée de Hinnom, puis grimpons
le mont du Mauvais Conseil d'où l'on a une vue
très belle sur le côté Sud de la ville et sur le couvent grec de Mar-Elyas.

Les Philistins ont campé dans ces vallons, dits de
Rephaïm, et le pâtre David a vaincu Goliath à peu
près où se voit le grand établissement des Cla-
risses. On nous montre la résidence d'été du

patriarche grec dans l'habitation traditionnelle du vieillard Siméon, et une citerne au bord du chemin « La Fontaine des Mages » où l'étoile les rejoignit.

Mar-Elyas est dans un site agréable avec une source où se désaltérèrent Marie et Joseph, d'après la légende. Au Sud, nous apercevons la gracieuse Bethléem et les monts de la Pérée qui présentent d'ici un magnifique coup d'œil.

En face du couvent, à droite de la route, on place un rocher sur lequel le prophète Élie se serait reposé en fuyant la colère de Jézabel : l'empreinte d'un corps y est assez visible, mais probablement, c'est une coïncidence naturelle. La contrée devient plus cultivée : voici Tantour avec une commanderie des chevaliers de Saint-Jean, puis « le Champ des pois. » L'histoire raconte que Jésus ayant demandé à un homme ce qu'il semait, et celui-ci ayant répondu : « Des pierres », le champ produisit en effet des pierres en forme de pois chiches comme on en trouve encore quand on a les loisirs de chercher. A droite nous voyons le tombeau de Rachel restauré au xve siècle dans le genre des ouélis musulmans. Les bédouins ensevelissent leurs morts autour de ce monument pour lequel la tradition est d'accord avec la Bible. C'est ici que la route se bifurque sur Hébron, et bientôt après nous touchons aux premières maisons de Bethléem.

La vallée des Caroubiers offre un point de vue

pittoresque, étageant ses terrasses de vignes, cultivées par des habitants plus laborieux que ceux de
Jérusalem.

« Bethléem ! si petite et si belle ! » chantait le
poète.

Si belle est contestable, mais on ne peut nier la
petitesse de ce village amoindri en 1834 par
Ibrahim-Pacha. Nous ne pensons guère au sacre du
jeune David, fils de Jessé, en regardant ce paysage
qui se revêt du plus charmant, du plus intime, du
plus suave cortège de souvenirs !

Bethléem ! nom magique et doux, éveille en foule
des rumeurs lointaines comme des chants angéliques
et des bruissements d'ailes. En le prononçant, l'imagination y suspend toutes les impressions de l'enfance, tous les carillons de Noël !...

Dédaignant les potentats, Dieu s'était choisi pour
mère une pauvre jeune fille à laquelle il avait envoyé
une ambassade céleste. L'ange avait exposé sa
requête dans la demeure obscure où elle priait, où
nous priions, il y a huit jours, et le ciel s'était
incliné, après le consentement donné. Quelques
mois s'étant écoulés, l'orgueil des empereurs Romains
exigeant un dénombrement de tous leurs sujets,
Marie et Joseph se mirent en route pour l'inscription dans leur ville natale. Le groupe voyageur
devait être équipé comme ceux qu'on rencontre à
chaque instant sur les chemins de Palestine : Marie

sur un âne, Joseph à pied avec son bâton à la main et sur l'épaule son manteau brun, l'abbaï et la matraque de chêne-vert encore en usage parmi les indigènes.

Ils arrivèrent à la nuit tombante, comme nous ce soir, et la cité de David leur apparut revêtue de ses teintes violettes et roses, adoucies et estompées dans la lumière transparente du court crépuscule. — Sur la place, pittoresque à l'orientale, centre de la vie bethléemite, nous avons en face de nous la plus ancienne basilique du monde.

Le regard plonge par-dessus les stèles blanches d'un cimetière jusqu'aux collines qui marquent sévèrement Jérusalem la ville de sang, en s'arrêtant auparavant sur le monticule de Beit-Saour d'où vinrent les bergers et où Ruth la Moabite glanait dans le champ de Booz. On voit circuler, entre les files de chameaux accroupis sous leur charge, les femmes au long voile blanc, à la démarche empreinte de modestie, sœurs de la Vierge sans doute, et les enfants en robe rayée, les fils de Jacob, auxquels on prête de la grâce en songeant aux Innocents leurs frères. Tout cela crée dans l'âme un mélange indéfinissable de sentiments, rappelant les parfums qu'exhalerait un bouquet composé de fleurs exquises et variées, et les pensées sont à la fois très mélancoliques et très douces, près de ce berceau et non loin de la croix. Les horizons deviennent silencieux, la nature est tranquille et les étoiles se préparent à vibrer dans l'éther radieux après la symphonie délirante du couchant.

L'ombre surgit enveloppante; elle s'élève peu à peu, plane sur nos têtes, allume les constellations brillantes et la lune argentée, tandis que d'en bas montent par bouffées dans l'air attiédi les bruits des troupeaux épars, les appels rauques des bergers, les aboiements sonores des chiens, et à cette minute délicieuse, tournant la tête, nous disons : « C'est ici ! »

Dans un lointain de rêve, on croit entendre les voix confuses d'un magistral passé et on s'attend presque à voir apparaître le groupe sacré, fatigué de la longue route poudreuse... Quel accueil dur et contristant reçut alors saint Joseph, dont l'anxiété augmente à mesure que s'avance le moment de la naissance du Fils de Dieu.

Le pas de la monture sonnait dans les petites rues, sur les seuils de pierre, comme un appel méprisé, jusqu'à la découverte d'une grotte vide, destinée à parquer les animaux... On aime à s'imaginer que la Providence, en présidant aux évolutions formidables de la matière ignée, a dû réserver avec tendresse cette roche pour l'heure divinement miséricordieuse !

Le Souverain, qui commande au soleil ses dépenses fabuleuses d'aurores et de chaleur, qui fait étinceler de joyaux innombrables le front des nuits et qui jette sur les épaules d'un mur croulant un manteau fleuri que Salomon lui-même a envié, n'a pas voulu naître au sein de nos richesses!

Il s'est épanoui dans sa création et Il est devenu accessible à tous!

Nous entrons maintenant dans le couvent des Franciscains, et avec un guide pieux et docte, nous circulons dans le dédale de grottes et de chapelles. Par l'intérieur du monastère nous pénétrons dans l'église paroissiale de Sainte-Catherine, qui mesure 30 mètres sur 18. Un grand tableau dans le chœur rappelle l'apparition de Jésus à la sainte d'Alexandrie et la prédiction qu'Il lui fit de son martyre.

Ce sanctuaire, reconstruit entièrement en 1881, est richement décoré, mais avec assez mauvais goût.

Nous nous armons d'un petit cierge, et à cette lueur tremblante, nous descendons à la suite de notre conducteur quelques marches sous l'église.

Après la traversée d'un couloir étroit et humide, nous sommes introduits dans une grande excavation : la chapelle des Innocents. Plusieurs mères israélites s'étaient réfugiées là avec leurs enfants, mais l'impitoyable Hérode les fit tous massacrer. La voûte est soutenue par une grosse colonne, et sous l'autel une grille de fer conduit dans une seconde grotte, ouverte seulement le 28 décembre, fête de ces prémices des martyrs.

Nous tournons à droite dans un autre corridor où

se trouve, creusé dans le rocher, un autel élevé sur le tombeau de saint Eusèbe de Crémone, compagnon de saint Jérôme et son successeur comme abbé du monastère de Bethléem. Plus loin nous voyons le tombeau de saint Jérôme, mort en 420, et en face celui de sainte Paule et de sa fille sainte Eustochie. Tous ces sépulcres sont vides et le chemin, depuis la chapelle des Innocents, a été seulement ouvert en 1556. C'est à Bethléem que le Dalmate Jérôme, se consacrant à l'ascétisme, dirigea des moines retirés comme lui près du Berceau de Notre-Seigneur, et c'est là que ce profond savant écrivit sa célèbre traduction de la Bible, appelée la Vulgate.

Nous passons dans une pièce, éclairée par une fenêtre donnant près de la voûte, où saint Jérôme vivait dans la prière et le travail.

Un tableau le représente un livre à la main, et nous prions dans cette chapelle pour tous nos parents et amis qui mettent leur intelligence au service de Dieu.

On nous montre l'amorce d'un escalier qui mettait autrefois cet oratoire en communication directe avec les cloîtres du couvent latin. Il est regrettable que la brique et la chaux en aient recouvert les parois complètement creusées dans le roc, cela contraste désagréablement par un aspect tout neuf avec les grottes d'alentour revêtues de vétusté. Nous revenons sur nos pas jusqu'aux Innocents, d'où nous montons à droite, par cinq marches, dans la chapelle de Saint-Joseph, où un autel fut érigé en 1621 au Gardien de la Sainte Famille qui aurait reçu ici l'ordre de fuir en Égypte avec l'Enfant et sa Mère.

Nous nous enfonçons dans une galerie conduisant à la grotte de la Nativité, dans laquelle nous pénétrons par l'ancienne entrée, aux trois quarts bouchée par une épaisse maçonnerie. Cette crypte, longue de 12 mètres, large et haute de 3 mètres, est éclairée par trente-deux lampes. Malheureusement le sol et les parois sont couverts de plaques de marbre et tapissées d'une toile en amiante donnée par le maréchal de Mac-Mahon en 1873.

L'autel du fond est la propriété exclusive des Grecs, mais une inscription latine avec une étoile d'argent atteste les droits des catholiques à honorer ce rocher à jamais célèbre : *Hic de Virgine Maria Jesus Christus natus est.* Nous baisons cette place et nous prions de tout notre cœur l'Enfant-Dieu qui s'est fait notre frère ici même...

Quinze lampes possédées en commun par les trois Confessions décorent cette niche qui porte encore des mosaïques datant des Croisés.

Tout près se trouvent trois marches par lesquelles on descend dans la chapelle de la Crèche, petite excavation de 3^m 50 sur 2^m 50 seulement. C'est là que Marie déposa, aussitôt après sa naissance, l'Enfant entre le bœuf et l'âne qui accueillirent paisiblement cet hôte inaccoutumé. Les bergers et les rois mages vinrent l'adorer, reposant dans ce primitif berceau. Le marbre blanc recouvre la roche et cinq lampes d'argent brûlent nuit et jour au-dessus de la crèche, propriété des Latins et des Arméniens.

Dans le fond de la grotte une ancienne citerne attire nos regards; la légende qui lui a donné son nom prétend que l'Étoile des Mages s'y serait engloutie après leur départ.

Deux escaliers à droite et à gauche du lieu de la Nativité conduisent dans la basilique. Par celui des Latins, opposé à celui des Grecs, nous montons dans le transept de la plus antique cathédrale de l'univers, puisque la tradition la fait apparaître dès le II⁰ siècle.

Constantin y bâtit certainement une église, sœur de celles du Saint-Sépulcre et du Mont des Oliviers.

L'unité de style nous permet de croire que ce monument est le même qui a été restauré simplement au VII⁰ siècle. C'est alors qu'on enleva à la grotte son aspect naturel en la maçonnant pour opposer plus de solidité au poids du chœur qui la surmontait.

Tancrède et ses Francs, appelés par les Bethléemites, trouvèrent l'édifice intact et firent flotter leur drapeau sur le pignon, inaugurant une ère de prospérité. Baudouin y fut couronné empereur et roi de Jérusalem en 1101, et l'on songea alors à l'embellir en le décorant de merveilleuses mosaïques presque entièrement disparues aujourd'hui.

C'était une entreprise énorme, terminée sous le règne de Constantin Porphyrogénète Comnène.

C'est heureux que le Père Quaresmius, qui vit cet ouvrage au xviiᵉ siècle, nous en ait laissé une savante description, car il est complètement détruit à présent.

Au-dessus de la porte d'entrée un arbre sortait du sein de Jessé endormi et tapissait les murs, enroulant dans ses volutes capricieuses les prophètes et les conciles. Dans le transept et le chœur, c'était l'Évangile tout entier prêché artistiquement.

On voit encore à droite le deuxième concile œcuménique ainsi que les scènes des Rameaux et de l'Ascension.

Au xvᵉ siècle, Philippe, duc de Bourgogne, entreprit la restauration de la toiture pour laquelle le roi d'Angleterre Édouard IV donna le plomb nécessaire, mais les Turcs en firent des balles de fusil et il fallut recommencer au xviiᵉ siècle.

Le Patriarche grec Dosithée construisit alors la grossière charpente actuelle ressemblant à un toit de grange et dont les solives servent de perchoir aux moineaux. En 1842, les Grecs passèrent un badigeon sur les murailles et élevèrent entre la nef et le transept cette grande cloison blanche qui dépare une si belle création.

Dépossédés longtemps de leur part de jouissance de la basilique, les Latins recouvrèrent ce droit en 1852, grâce à la protection de Napoléon III.

L'entrée principale est à l'Ouest ; un grand parvis, entouré de colonnades et de citernes, précédait l'atrium de l'église dans laquelle on pénétrait par trois portes. Il n'en existe plus qu'une seule, et la crainte des musulmans l'a réduite à des proportions ridicules ; un enfant de dix ans y passe à peine et nous nous courbons en deux pour la franchir.

Le porche est divisé en plusieurs parties et une ouverture unique conduit dans la basilique.

La structure en est simple et grandiose ; elle a cinq nefs, dont la principale est, à elle seule, plus large que les deux collatérales réunies. Quatre rangées de onze colonnes monolithes de calcaire rougeâtre, à chapiteaux corinthiens, hautes de 6 mètres, forment les bas côtés ; elles sont sculptées au sommet et marquées d'une petite croix. Mais cette vaste salle, large de 25 mètres sur 30 mètres, n'ayant aucun emblème religieux, n'évoque pas l'idée de la prière.

Les fumeurs en font leur promenoir, les écoliers, leur cour de récréation et les mendiants, leur asile ! C'est scandaleux. Par un passage pratiqué dans le vilain mur blanc des Grecs, nous rentrons dans le transept qui forme une croix latine avec la Nef et le Chœur. — Une sentinelle turque est placée ici, comme dans la grotte, par le pacha pour empêcher les effusions de sang trop fréquentes entre Grecs, Latins et Arméniens, voulant sauvegarder leurs droits ou empiéter sur ceux des voisins.

L'abside de gauche renferme l'autel des Arméniens, et une histoire curieuse est attachée au tapis grossièrement coupé en diagonale.

Les Arméniens, il y a quatorze ans, agrandirent leur moquette de façon à barrer complètement l'espace qui, de Sainte-Catherine, s'étend à l'escalier de la grotte et sur lequel les Franciscains exercent un droit de balayage, mais sans avoir celui de brosser les tapis orthodoxes.

En Orient, on fait acte de propriétaire le jour où des réparations et des soins sont prodigués à un objet quelconque, même public, et c'est la cause pour laquelle les Lieux-Saints possédés en commun par les diverses confessions ne sont jamais consolidés. L'acte des Arméniens avait pour but de nous interdire la descente à la grotte. Voyant l'inutilité des réclamations, un gardien franciscain s'arma pendant une nuit d'un bon rotin et d'une paire de ciseaux, et trancha méthodiquement tout ce qui dépassait la limite prescrite.

Les Arméniens ne soulevèrent pas d'incident diplomatique, mais ils ont conservé soigneusement ce monument de leur insigne mauvaise foi.

L'abside du milieu est le sanctuaire des Grecs,

moins riche que le catholicon du Saint-Sépulcre, quoique suffisamment doré. En nous y plaçant, nous suppléons à l'insuffisance de la vue arrêtée par l'odieuse muraille et nous admirons l'harmonieux ensemble de la basilique. — Après le dîner le Père O. annonce l'ordre des douze messes qui doivent se succéder sans interruption depuis minuit jusqu'à 4 heures, et nous allons ensuite prendre possession de la chambre d'honneur de la Casa Nuova que nous sommes quatre à partager !

MERCREDI, 20 MAI. — Nous sommes tirées de notre repos un peu avant minuit et à travers les cloîtres déserts, étouffant le bruit de nos pas, nous arrivons, sans nous égarer, devant la grotte de la Nativité.

Un soldat turc debout sur un petit tabouret, le fusil entre les mains, monte la garde en baîllant et s'étirant. Pauvre homme ! Je le plains d'exécuter une aussi fastidieuse consigne, et de ne pouvoir comprendre le mystère ineffable dont nous allons revivre les heures délicieuses pendant cette nuit inoubliable.

C'est la fête de Noël qui commence pour nous ! Dans la grotte obscure, où les lampes fumeuses piquent des lueurs scintillantes, nous nous préparons dans le recueillement le plus profond à assister au Saint-Sacrifice. Une même émotion étreint avec intensité les cœurs des quelques privilégiés qui entendent tomber des lèvres du prêtre les prières liturgiques : « Un enfant nous est né. Le Seigneur a fait des merveilles. » — Le *Gloria in Excelsis Deo* revêt une magique douceur, répété à cette heure, après les anges, autour de la crèche du Nouveau-Né venu apporter au monde la paix, ce don plus que royal si peu apprécié sur notre terre de discorde, mais promis aux hommes de bonne volonté !

Parents et amis, tous les chers miens ont été nommés au Libérateur, à Celui qui nous tire de la servitude par la manifestation de sa bonté et de sa tendresse ! Quelle leçon d'humilité nous est donnée dans le récit de saint Luc : « Les bergers trouvèrent « Marie et Joseph avec l'enfant couché dans une « crèche. » — « Ils s'en retournèrent, glorifiant « et louant Dieu de ce qu'ils avaient vu et en- « tendu. »

Dans quelques semaines, nous regagnerons aussi notre pays lointain souhaitant d'emporter, avec une reconnaissance sans bornes pour les joies si pures de la crèche, le désir ardent de travailler de notre mieux à la gloire de Dieu.

En nous inclinant aux paroles du Credo relatives à la naissance du Sauveur, je pense que ces murailles qui sont aujourd'hui les échos discrets de notre symbole, furent les témoins impassibles de l'accomplissement de cet article de notre foi. Encore quelques minutes, et le rocher insensible tressaillera de nouveau au contact du Messie réellement présent au milieu de nous !

Je me figure presque devenir un de ces simples bergers qui se levèrent en hâte et accoururent à l'appel des messagers célestes. Jésus se donne à chacun de nous, mais nous sommes encore plus favorisés que les heureux adorateurs à qui Marie confiait son Fils. Les humbles pâtres le tenaient respectueusement et tendrement entre leurs bras, s'enchantant les yeux à contempler « le bel enfançon », mais nous Le possédons tout entier, nous conversons avec Lui, ciel anticipé, sujet d'envie, s'il était possible, pour les anges eux-mêmes.

Ce sont des minutes uniques dans l'existence et marquées du sceau de l'éternité. Les messes se succèdent, nous ne songeons pas à bouger, et nous prions avec foi et confiance de tout notre cœur en nous unissant au Saint-Sacrifice offert à nos intentions.

Déjà les Arméniens commencent à encenser brutalement la porte de la grotte. Nous nous retirons, emportant avec nous quelques parcelles de cette paix divine annoncée au monde défaillant, et nous sentant encore l'âme toute imprégnée de ces délicieuses impressions que les mots sont insuffisants à décrire : il faut les avoir vécues pour les comprendre.

. . . .

Voilà l'aurore au doigt de rose et l'affluence est

déjà grande sur la place de Bethléem. Nous causons de notre veillée mémorable, et jamais rassasiées de la Crèche, nous descendons rejoindre les pèlerins massés autour de notre autel des Rois Mages. Il y a foule dans cette étroite chapelle, et ne voulant rien perdre du parfum de recueillement de notre messe de minuit, nous nous enfuyons dans l'oratoire de saint Jérôme. — Du reste, à 7 h. 1/2 la grand'messe sonne au clocher de la basilique qui, avec son cercle de couvents, latin, grec et arménien, revêt un air de forteresse. C'est à l'église Sainte-Catherine que nous retrouvons la majeure partie du pèlerinage, et après quelques heures de séparation, nous sommes enchantés de revoir des visages amis auxquels nous chuchotons un joyeux bonjour.

Nous chantons avec enthousiasme les vieux Noëls connus dans l'univers et le gracieux *Adeste, fideles,* obtient toutes nos préférences.

A l'Évangile, M^r l'abbé D. me fait plaisir à écouter, et après la messe et le cantique « Il est né le divin enfant » scandé comme une marche guerrière, nous sortons pour circuler dans Bethléem.

Les marchands de nacres sculptées sont des plus habiles et très laborieux ; ils travaillent aussi le corail et une combinaison de calcaire et de bitume appelée pierre de la mer Morte ; ils exécutent de petits chefs-d'œuvre avec des outils souvent médiocres. La majorité des habitants est chrétienne puisque sur 7 000 âmes, il n'y a que 300 musulmans.

Nous visitons ensuite la grotte du lait ; c'est à 5 minutes à peine d'ici et un gracieux souvenir y est attaché : la Sainte-Famille, s'y étant cachée lors de la fuite en Égypte, une goutte du lait de la Vierge serait tombée sur le sol et la roche aurait acquis la vertu de procurer du lait aux nourrices.

Toutes les femmes du pays viennent chercher de petits gâteaux fabriqués avec la pierre à laquelle elles attribuent cette efficacité.

On pénètre par une porte de fer dans une grande entrée voûtée et l'on descend par seize degrés dans une grotte, creusée dans le roc et longue de 10 mètres sur 5. En 1375, les Franciscains bâtirent le sanctuaire actuel près des ruines d'une chapelle dédiée à saint Nicolas. Derrière les sinuosités des parois bizarrement contournées, au travers des colonnes, nous découvrons plusieurs autels où la florissante congrégation des Enfants de Marie tient ses assises.

Le costume des Bethléemites est des plus seyants : leur robe bleue avec un corsage plastronné est rehaussée de broderies, un diadème de sequins entoure leur front que couronne une espèce de cône d'où retombe un long voile blanc. Elles ont généralement une beauté naturelle très frappante, les traits fins et le teint assez blanc.

Après une dernière prière dans la sainte grotte, revenue à sa tranquillité habituelle, qui n'est troublée de temps à autre que par l'entrée silencieuse d'un Bédouin, lequel, quittant ses babouches à la porte, récite ses orémus à mi-voix en collant son front au marbre de la Crèche, nous nous arrachons à regret à l'Ephrata du Prophète, la véritable « Maison du Pain. » Nous prenons en voiture le chemin des Vasques de Salomon, au Sud-Ouest de Bethléem. La route pierreuse passe entre des collines dénudées, et enfin après 3/4 d'heure, nous arrivons au pied d'un château-fort, grande construction carrée avec des tours rondes aux angles, élevée par Soliman ou Ottoman II en 1618. Une caravane de chameaux débouche en même temps que nous ; elle ressemble à une longue traînée de gigantesques araignées émigrant d'un pays dévasté et cela ajoute, si c'est possible, à la sauvagerie et à la sécheresse du site.

Nous goûtons l'eau de la source Aïn-Saleh, la Fontaine scellée du Cantique des cantiques. Elle est bonne, bien que sa fraîcheur laisse à désirer. Canalisée un peu plus loin, elle va se répandre dans les trois immenses bassins, situés les uns au-dessous des autres, en ligne droite, dans la direction de l'Est. Les savants nous apprennent qu'ils n'ont de salomonien que le nom et que leur construction est beaucoup plus récente ; le but reconnu était d'alimenter un aqueduc conduisant les eaux jusqu'à Jérusalem.

Le premier de ces réservoirs, en partie maçonné, a 116 mètres de long sur 70 mètres de large et 8 mètres de profondeur. — 6 mètres plus bas, et à 50 mètres de distance, se trouve le second, long de 129 mètres avec la même largeur, mais profond de 12 mètres ; il est presque entièrement creusé dans le roc et il reçoit un canal direct de l'Aïn-Saleh.

Le troisième, le plus beau, a 177 mètres de long sur 64 de large et 15 de profondeur. Ses parois sont soutenues par de solides contreforts et ont des ouvertures pour recevoir les eaux de pluie.

Ces vasques, en dehors de leurs énormes proportions, n'ont rien d'intéressant, et elles sont dans un état pitoyable, bien que réparées en 1865. Des myriades de grenouilles y prennent leurs ébats dans quelques centimètres d'eau vaseuse, aussi les escaliers qui descendent rejoindre les batraciens ne nous tentent nullement. Ce doit être un repaire de scorpions et d'aspics, et on étouffe entre ces montagnes pareilles à des océans de cailloux. Nous filons bientôt sur la route d'Hébron jusqu'à la bifurcation de celle de Jérusalem au tombeau de Rachel.

Nous apercevons le grand village chrétien de Beth Djala, très bien niché dans les belles plantations d'oliviers. A midi, nous sommes de retour à Notre-Dame de France, heureuses au-delà de toute expression.

Le courrier de France vient d'arriver ! avec avidité,

nous nous précipitons sur les écritures connues et aimées. Ce sont les premières nouvelles que nous avons de notre famille, de nos amis, de la France, et ces missives tant désirées sont nombreuses. Nous nous délectons à cette lecture de choses passées il y a quinze jours !... Enfin tout va bien, là-bas comme ici. *Deo Gratias.*

Nous apprenons la fin de Mr D. laissé à Beyrouth à l'hôpital, où il s'est éteint pieusement, entouré des soins les plus dévoués des sœurs de Charité qui n'ont pu l'arracher à la mort. Agé de 72 ans, il était parti pour se consoler au pays du Christ de la disparition des siens. Le bon Dieu a voulu le placer bien vite dans la Jérusalem céleste, et parmi nous, Il s'est choisi, dès notre débarquement, une très sainte victime, présage de bénédictions abondantes.

L'après-midi, après la récitation des premières Vêpres de l'Ascension, nous partons en petit groupe pour faire le Chemin de la Croix sur la Voie Douloureuse, suivie par Notre-Seigneur le Vendredi-Saint. Le Père O. nous accompagne chez les Dames de Sion, qui conservent dans leur chapelle un des pieds de l'arceau sur lequel, comme d'un balcon, Jésus, sanglant de la flagellation et couronné d'épines, fut montré à la multitude qui réclamait sa mort.

L'office solennel, qu'on célébrait ici à chaque pélerinage, ne pourra avoir lieu cette année, car les sculpteurs, marbriers, maçons, etc. se sont emparés de l'édifice qu'ils refont entièrement.

L'Arc de l'Ecce-Homo était une porte monumentale formée de trois arceaux : celui du Nord est enclavé maintenant dans ce sanctuaire, celui du Sud n'existe plus, et celui du milieu est à cheval au-dessus de la rue. Il a donné carrière à bien des discussions et il est probable, disent les archéologues, que nous sommes en présence seulement d'un arc de triomphe élevé par sainte Hélène pour inaugurer la Voie Douloureuse. Quoi qu'il en soit, nous vénérons un des souvenirs très touchants de la Passion puisque la scène du *Tolle, tolle, crucifigatur* a dû se passer dans ces environs immédiats. En creusant dans le couvent, on a retrouvé, à 1ᵐ 50 du sol actuel, l'ancien pavé romain, le Lithostrotos de l'Évangile. Sur ces dalles, foulées par les pieds divins allant au supplice, on voit des figures géométriques régulières, qui représentent un jeu de marelle établi dans la cour du gouverneur. Les soldats avaient des loisirs, et là sans doute se passèrent le couronnement d'épines et les moqueuses railleries de la valetaille.

Nous embrassons ces pierres en demandant pardon au Seigneur qui reçut ici tant d'outrages par amour pour nous! A un niveau bien inférieur de ce dallage, les religieuses ont découvert des souterrains dans la profondeur du fossé de la ville ancienne. Ils sont divisés en deux grandes branches parallèles de 50 mètres de long et contiennent un peu d'eau. Un tunnel va dans la direction de la mosquée d'Omar comme un couloir destiné aux soldats.

Nous parcourons les classes, l'orphelinat, le pensionnat, et nous montons sur les terrasses, d'où nous jouissons d'une vue superbe sur Jérusalem, le mont des Oliviers et l'Esplanade.

Nous commençons ensuite le Chemin de la Croix sur le trajet approximatif suivi par Jésus portant l'instrument de son supplice et dont les quatorze stations marquent les étapes traditionnelles. Les chrétiens, qui vinrent à Jérusalem et qui décrivirent minutieusement les édifices et les processions, n'ont fait aucune allusion à cette pieuse coutume, si consolante à accomplir sur ce sol sacré. La première mention date de 1280, et encore à ce moment-là toutes les stations ne sont pas nommées dans cette description.

C'est seulement dans les dernières années du XVIe siècle qu'elles se complétèrent, la XIIIe et la XIVe ne prenant même place qu'en 1670.

Mais si des tâtonnements ont eu lieu pour leur nombre, leur ordre et leur situation, la direction générale n'a pas changé depuis le XIIIe siècle, et la Voie Douloureuse, mesurant à peu près 700 pas, sans compter les détours imposés par les constructions actuelles, va de l'Est à l'Ouest.

Cette dévotion, ayant passé la mer dès le XVe

siècle, plusieurs Papes lui attribuèrent de précieuses faveurs que Benoît XIV confirma en 1741, et les *Viæ Crucis* se multiplièrent dans les églises. Il n'est pas une paroisse en France qui ne renferme les quatorze stations indulgenciées, reproduites d'une manière plus ou moins artistique.

Les prières préparatoires se font dans le sanctuaire de la Flagellation, mais il est fermé en ce moment et nous récitons le *Crux, Ave, Spes unica* sur la place devant la chapelle.

Remontant un peu la rue Sitti-Mariam, nous parlementons dans le corps de garde de la caserne turque, ancien prétoire de Pilate, où se trouve la première station « Jésus est condamné à mort. » La sentinelle refuse de nous laisser pénétrer à l'intérieur, une distribution de soupe ayant lieu dans la cour.

Nous nous agenouillons donc tout simplement sur le sol de l'entrée, baisons la terre et écoutons attentivement la courte allocution du Père qu'il renouvellera du reste à chaque station.

Le soldat ne parait ni choqué ni étonné de cette démonstration de piété. Je ne puis m'empêcher de songer quelle serait en France l'attitude des militaires si nous nous risquions ainsi aux grilles des casernes ! Messieurs les Turcs sont plus conciliants et ils estiment infiniment les marques extérieures de la religion ; nous en serons prodigues tout le temps de notre séjour et les pèlerins de pénitence leur laisseront une réputation de « Hadji; » ce sont les personnages à turban vert ayant accompli trois fois le voyage de la Mecque, ce qui suffit à classer les « Saints » de l'Islam.

Nous sommes ici à l'entrée du prétoire de Pilate, où le fils de Dieu, après avoir été traité par Hérode comme un insensé, après avoir subi le supplice de la flagellation et du couronnement d'épines, après avoir vu le peuple juif lui préférer Barrabas, entendit le lâche gouverneur lire la sentence de mort. La tradition a fixé, près des ruines de la tour Antonia, l'identification du prétoire et de la caserne turque actuelle, ancienne résidence du pacha, tandis qu'elle l'avait placé jusqu'au xiiie siècle sur la colline de Sion, dans le voisinage de la maison de Caïphe.

A droite une coupole octogonale surmonte une petite construction carrée qu'on croit bâtie sur une très antique Église dite du Couronnement d'épines. Quittant ce terrain tellement rempli de souvenirs, nous descendons pendant quelques mètres dans la direction de l'Est pour aller à la IIe station : « Jésus est chargé de sa croix. » Au bas du grand mur formant la partie septentrionale de la caserne, des fragments d'architecture indiquent l'emplacement de la *Scala Sancta*, l'escalier que monta trois fois Notre-Seigneur dans sa passion. C'est au pied de ces vingt-huit marches de marbre blanc, teintes de son sang, que notre

Sauveur reçut son fardeau et s'achemina vers le calvaire, dans la direction de l'Ouest. La *Scala Sancta* a été transportée à Rome, où les fidèles peuvent la vénérer près de Saint-Jean de Latran. Après avoir passé sous l'Arc de l'Ecce Homo, nous arrivons à la IIIe station qui se trouve à gauche, à l'intersection de la rue venant de la porte de Damas. Nous nous arrêtons à une colonne brisée et couchée contre le mur, indiquant le lieu où « Jésus tomba pour la première fois », à 230 mètres de la station précédente.

La construction est aux Arméniens catholiques, et en face de leur hospice, nous voyons celui des pèlerins autrichiens. Nous continuons maintenant dans la direction du Sud, où nous apercevons la maison du Mauvais riche, en voûte sur la rue et ornée de trois petites coupoles en pierres de différentes couleurs.

La IVe station a été unie tantôt à celle du Cyrénéen, et tantôt à la première chute ; sa spécialisation date de 1680.

Une tradition très ancienne place sur le chemin du Golgotha la « rencontre de la Mère et du Fils » et nous l'honorons aujourd'hui auprès d'une ruelle couverte, débouchant de l'Est à 37 mètres de la IIIe station. — Quelle fut alors l'attitude de Marie ? L'Évangile nous la peint debout au pied de la Croix, mais il est admis par plusieurs docteurs de l'Église que la

douleur fut telle que, cédant à la nature, Marie dé-
faillit, demi-morte, à la vue de son cher Fils mar-
chant au milieu des soldats. C'est l'origine de l'Église
du Spasme aux Arméniens catholiques. Il paraît
qu'elle renferme un pavé en mosaïques très signifi-
catif dans lequel on verrait les débris d'un couvent
appartenant aux Bénédictines et détruit par les Turcs
en 1620.

A 23 mètres d'ici une rue monte vers l'Occident,
la V⁰ station y est indiquée à gauche par une grosse
pierre enchâssée dans la muraille pour nous rappeler
que l'escorte romaine imposa à « Simon de Cyrène »
l'obligation de porter la Croix à la place du condamné.

Au bout de 80 mètres, on passe sous une voûte
supportant une maison, que les Grecs catholiques
ont achetée ainsi que tous les bâtiments environnants.
C'est la VI⁰ station, où sont concentrés les souvenirs
de sainte Véronique, cette « femme courageuse qui
essuya le visage de Jésus » et reçut en récompense
l'impression miraculeuse de cette sainte Face.

Au sommet de cette voie, type des rues de Jérusalem, obscures et encombrées d'immondices, s'ouvre
la Porte Judiciaire, où nous vénérons « la seconde
chute de Notre-Seigneur », à 60 mètres de la
demeure de sainte Véronique.

On reconnaît quelques vestiges de l'antique Porte
aux piliers qui soutiennent la voûte actuelle, Notre-
Seigneur montant au Calvaire les a certainement fran-

chis. Les franciscains possèdent en face une petite chapelle renfermant la colonne de la sentence, sur laquelle aurait été affiché le motif de la condamnation : « Jésus de Nazareth, Roi des Juifs. »

Cette porte fut appelée Douloureuse jusqu'au xive siècle, et la seconde chute n'y devint l'objet de la VIIe station qu'à partir du xviie siècle. On oblique ensuite un peu à droite pendant 30 mètres jusqu'à la VIIIe station où « Jésus consola les Filles de Jérusalem. » Le mur, contre lequel nous nous arrêtons, est celui du couvent grec non-uni de saint Caralombos, ancienne résidence des chanoines de Saint-Augustin qui desservirent le Saint-Sépulcre pendant les croisades ; un élégant minaret s'élève au-delà de la voûte continuant la rue montante, près de l'hospice de Saladin et du couvent orthodoxe de la Vierge.

La place de cette station est relativement récente, ayant été confondue jusqu'au xviie siècle avec celle du Cyrénéen. Diverses constructions nous forcent à revenir sur nos pas jusqu'à la porte Judiciaire, où nous prenons la rue couverte de Saint-Étienne des Croisés, qui va de la porte de Damas à celle de Sion. Après avoir marché pendant environ 80 mètres, sous ces voûtes sombres qui abritent des échoppes de marchands de victuailles, on rencontre à droite deux colonnes de granit, provenant des propylées de la basilique du Saint-Sépulcre. Passant entre elles, nous nous engageons dans une rue tortueuse, impasse conduisant à la porte de l'évêché cophte, où un fût de pilier marque la IXe station : « Jésus tombe pour la troisième fois. »

Nous sommes au pied du Calvaire et quelques marches donnent accès à la terrasse de Sainte Hélène : le cloître est habité par des moines éthiopiens qui nous regardent avec un air de douteuse satisfaction.

La grande basilique domine tout avec son énorme assemblage de couvents, mais nous sommes obligés à un grand détour pour en rejoindre le parvis et l'unique entrée qui nous soit permise. Descendant jusqu'aux colonnes granitiques, tournant à droite, dans la rue des Palmiers jusqu'au Mouristan, nous rejoignons les cinq dernières stations au Calvaire et au Saint-Sépulcre.

En rentrant à l'hôtellerie, je suis très surprise d'apprendre qu'un prêtre grec-uni a voulu nous voir. Il a promis de revenir, nous dit le Père A., très content de trouver ici des amis de ses amis.

Nous célébrerons demain la fête de l'Ascension sur la montagne de la Lumière ou des Oliviers, sans avoir la dévotion de certains pèlerins qui passeront toute la nuit là-haut, afin d'être assurés de trouver une bonne place dans la petite mosquée livrée ce jour-là seulement aux catholiques.

JEUDI, 21 MAI. Fête de l'Ascension de Notre-Seigneur. — Le temps promet d'être magnifique. Nos cœurs aussi sont tout à la joie de célébrer cette belle fête. Dans la voiture qui va nous mener au sommet de la montagne, nous éprouvons ce recueillement intime, mélange indéfini de respect, de tristesse, de bonheur, de piété, de surprise et de reconnaissance que ne peuvent manquer de ressentir tous nos compagnons. C'est donc en silence que dès 6 heures moins 1/4 nous nous ébranlons.

Voici l'antique colline où le Maître a conversé avec les Apôtres, et prophétisé la ruine de sa patrie. A nos pieds, tout au fond du ravin, coule le torrent du Cédron, coupant d'un trait aigu la sombre vallée de Josaphat; ce bosquet verdoyant, c'est le jardin de Gethsémani, dominé à mi-côte par le *Dominus flevit* (Le Seigneur pleura), débris d'une église connue sous ce nom-là au Moyen-âge.

Après avoir contemplé quelques instants le magnifique panorama, nous entrons dans le Couvent du Carmel, édifié par la princesse de la Tour d'Auvergne en 1868.

Le cloître est une galerie gothique autour d'une belle cour, et portant gravé sur des tables de marbre le Pater en trente-trois langues : les Provençaux peuvent y lire l'Oraison Dominicale dans le gracieux idiome de leur pays, comme les Bretons, les Flamands et les Basques. Les hiéroglyphes, alternant avec le teuton, le latin et le scandinave, y figurent onze fois.

Dans une des arcades la princesse de la Tour d'Auvergne a son mausolée vide, mais orné d'une statue de marbre blanc.

Nous pénétrons ensuite dans la chapelle, que nous remplissons amplement. La grand'messe du pèlerinage va être chantée à l'endroit où Notre-Seigneur enseigna à ses disciples la prière par excellence, la formule contenant tout ce que nous devons demander au Père que nous avons dans les cieux. Nous avons honoré une première fois ce souvenir sur les bords du lac de Tibériade, où Jésus apprenait à la foule attentive les demandes matérielles et quotidiennes de la vie, tandis qu'ici Il nous recommande le recours à Dieu dans notre faiblesse, afin de ne pas succomber à la tentation. Les Carmélites continuent à sanctifier le nom du Seigneur, en expiant le mal commis dans l'univers infidèle à sa mission, et où jamais le règne de Dieu n'arrivera aussi complètement que l'a désiré son Fils.

La chapelle n'a pas de style; ses murs sont blanchis à la chaux, sans sculptures, ni ornementation.

Nous écoutons pendant la Messe le récit de l'Ascension du Maître dans le ciel, d'où il assiste à nos luttes en nous encourageant à mériter la récompense qui nous sera donnée à cette même place.

La pensée du revoir là-haut, que nous assure la fête d'aujourd'hui, est aussi bien consolante pour les âmes endolories par les séparations de la vie, et nous prions pour tous ceux que nous avons aimés tendrement sur la terre. Le *Pater Noster* revêt un charme de plus, répété ici, à cette heure, où Notre-Seigneur, banni dans notre chère France de la vue des petits enfants à l'école, comme des lèvres des mourants dans les hôpitaux, semble nous inviter à prier Dieu avec plus de foi et d'amour de la manière que Lui-même a daigné nous indiquer.

Après le déjeuner pris en plein air, sous les arceaux gothiques, nous visitons, à droite de la porte d'entrée, une citerne appelée depuis le xive siècle la grotte du Credo.

Une vingtaine de marches conduisent à une chapelle, longue de 18 mètres et large de 4 seulement, dédiée à saint Marc, et dans laquelle les Apôtres, avant leur dispersion, auraient résumé en douze articles les croyances chrétiennes.

Une grande basilique appelée l'Eleona, dont on a retrouvé une partie avec de belles mosaïques au Sud du couvent, y fut bâtie par Constantin et elle nous a été décrite par sainte Sylvie au ive siècle. Chosroès la rasa impitoyablement, mais, sous Charlemagne, des Bénédictins la relevèrent de ses ruines que les Croisés eurent plus tard à réparer de nouveau. Depuis le xviie siècle jusqu'aux munificences de la princesse de la Tour d'Auvergne, la destruction habitait ces parages chers à notre piété, où sans doute Notre-Seigneur vint se reposer plusieurs fois de ses prédications fatigantes dans le Temple, puisque l'Évangile nous dit qu'il passait ses nuits en prière sur le mont des Oliviers. Après être sortis de l'enclos des Carmélites, nous vénérons le lieu de l'Ascension sur l'éminence voisine.

Autour des débris des colonnes du temple de Constantin, des autels sont dressés en plein air, et sur ce terrain musulmanisé, les prêtres de Jésus-Christ ont cependant la consolation d'offrir le Saint-Sacrifice.

L'édifice impérial subit la destinée commune à presque tous les monuments catholiques et ce que nous voyons encore ici date des Croisades.

Au centre, un édicule protège l'empreinte du pied gauche de Notre-Seigneur sur le rocher, l'autre partie de la pierre ayant disparu depuis longtemps.

Nous sommes heureuses de baiser cette roche, usée par les lèvres de tant de chrétiens qui nous ont précédées et nous prions ardemment Celui qui est parti d'ici même de nous ouvrir la porte du ciel. — L'ancienne basilique en rotonde a toujours possédé un espace vide laissé au sommet par les architectes, pour nous faire entrevoir la route suivie par le Sauveur. C'étaient des siècles de foi ceux qui virent la merveilleuse éclosion de ces édifices multipliés rapidement sur les sols sacrés, et il est naturel qu'une pensée élevée guidât les constructeurs de ces sanctuaires destinés à conserver un religieux idéal aux générations futures.

Les Croisés ne rebâtirent ici qu'une petite tour, la mosquée actuelle, au centre d'une place pavée en marbre. Le maître-autel était sur le rocher même de l'Ascension, et les ogives qui soutiennent la coupole n'étaient pas murées à cette époque comme maintenant, ce qui donnait de la légèreté au monument.

Quittant cette chapelle, où l'on s'écrase littéralement, nous traversons le village de Kefr-el-Tour, encombré de poules, d'enfants, de chiens, d'ânes, et nous allons visiter les établissements russes. Une grande avenue ombragée par des pins d'Alep et des oliviers mène au pied de la grande tour à six étages qui domine la Judée entière.

Tout à côté nous voyons une chapelle dans laquelle les Russes prétendent garder l'empreinte du pied de Notre-Seigneur, quand il serait redescendu après s'être élevé au ciel une première fois, un hospice de pèlerins et la demeure de l'archimandrite, où l'on a découvert d'intéressantes mosaïques au-dessus d'un caveau funéraire avec des inscriptions arméniennes du ve siècle; elles représentent des grappes de raisin, un agneau, un coq et des poissons, symboles religieux que les premiers chrétiens peignaient fréquemment dans les Catacombes.

L'horizon est très pur, un vent léger et agréable nous invite à continuer notre promenade, et après avoir admiré un rucher peuplé de trois cents colonies installées dans de gros tuyaux de poterie, nous prenons la direction de Bethphagé, la « maison des figues. »

Nous entrons aujourd'hui dans l'oratoire des Franciscains, où se trouve la pierre, adhérente encore par la base au roc vif dans lequel on l'avait taillée, qui aurait servi au Sauveur pour s'asseoir plus facilement sur sa jeune monture le jour des Rameaux.

Les peintures qui ornaient les quatre côtés du monolithe sont bien maltraitées par la main du temps autant que par celle des hommes, mais les inscriptions latines remontent au xiie siècle, et il est plus que probable que la pierre du Colloque, se rattachant à l'épisode de la résurrection de Lazare, est celle-là même. La foi de Madeleine a obtenu ici un grand miracle, et Jésus, pour calmer les plaintifs reproches de Marthe, a prononcé ces paroles consolantes, redites depuis sans cesse à l'humanité souffrant au plus vif de son cœur : « Je suis la Résurrection et la Vie. »

Nous nous agenouillons dans cette humble petite chapelle, grandie à nos yeux par les souvenirs d'immortalité qu'elle évoque, pensée et prière encourageantes à unir dans ce sanctuaire. Nous obliquons ensuite légèrement sur notre droite et nous arrivons après un quart d'heure de marche sur les ruines de Béthanie.

Des oliviers grêles et de maigres figuiers disputent péniblement la place aux chardons épineux
et aux chicorées bleuâtres qui courent follement sur
ces débris de village.

Ah! pourquoi les roches sont-elles muettes, et
ne nous racontent-elles pas les sublimes entretiens qui
se passaient dans une de ces maisons, couchée aujour-
d'hui sous l'herbe grise, lorsque le Maître, après
avoir vaillamment lutté contre ses ennemis dans le
temple, venait se réfugier dans cette forteresse de
l'affection?.

C'est ici qu'il dormit son dernier sommeil sur
terre, et nous cueillons au hasard quelques fleurettes
sur ce sol béni qui recouvre le sanctuaire de l'amitié
fidèle, forte et dévouée. Plus bas, le village d'El-
Azarieh, la Béthanie d'aujourd'hui, est un groupe
d'une quarantaine de huttes sordides, bâties dans un
repli de terrain, au bord de la route de Jéricho.

Une vieille tour branlante les domine de sa silhouette ébréchée. C'est la reine Mélissende qui
l'avait élevée pour protéger l'abbaye de Saint-Lazare,
appartenant aux Bénédictines de Sainte-Anne et
primitivement aux Chanoines du Saint-Sépulcre.

Nous négligeons de monter jusqu'à cette ruine où
les Arabes établissent la maison de Marthe et de
Madeleine, ce qui est absolument erroné, puisque
les habitations juives n'étaient jamais dans le voisinage des tombeaux, et que nous avons vu il y a

dix minutes les restes de Béthanie, la « maison des Dattes. »

Nous sommes à la porte du Tombeau de Lazare, entourés d'une foule déguenillée dont la laideur et la saleté sont repoussantes.

Une église recouvrait dès le ive siècle cette crypte vénérable, et nous savons par des relations de l'époque que les évêques de Jérusalem se faisaient ensevelir dans cette caverne au xiie siècle.

Une petite mosquée occupe en partie cet emplacement, respecté cependant par les musulmans.

Au xive siècle, quand l'entrée véritable du sépulcre eut été interdite aux Chrétiens, les Franciscains obtinrent, à prix d'or, la permission d'ouvrir, au nord, la porte minuscule et l'escalier actuels.

Munie d'une bougie, je m'engage dans les vingt-six marches, fort incommodes, taillées dans le roc et j'arrive dans une antichambre dont la voûte ogivale et les murs ont été restaurés pour supporter le sanc-tuaire supérieur, le tuf ne pouvant en soutenir le poids.

Le cintre d'une porte est encore visible dans la paroi orientale : c'est là que se tenait Jésus quand il cria d'une voix forte : « Lazare, sors du tombeau ! »

La chambre, dans laquelle était déposé le défunt, est située trois degrés plus bas que la précédente et ne mesure que 3 mètres de large.

Un Père lit l'Évangile de saint Jean et, tout émus,

nous croyons assister au drame de la Résurrection de Lazare. Après la confiance que Jésus avait fait renaître dans les âmes de Marthe et de Marie, et après la confession de sa divinité que les deux sœurs lui avaient spontanément rendue, Jésus avait pleuré sur la mort de son ami, sanctifiant ainsi les larmes légitimes que la disparition d'êtres chers nous fait verser dans l'existence ; mais ces mots sublimes : *Ego sum Resurrectio et vita ; qui credit in me vivet,* nous permettent de ne pas pleurer comme ceux qui n'ont pas d'espérance de réunion future et éternelle. Le Maître de la vie commande qu'on ôte la pierre posée sur le sépulcre, et nous nous représentons ici la scène très exactement. Voilà d'où le Sauveur nous annonce la gloire de Dieu quand, levant les yeux, Il invoque son Père et appelle ensuite le mort de quatre jours, qui se lève aussitôt, encore enveloppé du suaire et des bandelettes en usage parmi les Juifs.

Quelques années après, une barque dépourvue d'agrès et de gouvernail abordait sur les côtes de Provence à Marseille. Elle portait Lazare le Ressuscité, ses sœurs, et plusieurs autres héros de la Passion qui allaient évangéliser notre patrie et offrir au Christ les prémices de la Gaule chrétienne. — Nous sommes donc directement les bénéficiaires de ce miracle inouï de la Toute-Puissance, et qui, achevant d'exaspérer les princes des prêtres, précipita le dénouement de la Croix.

Nous prions avec ferveur dans cette grotte illustre qui se peuple de si touchantes évocations, et nous remontons à la lumière du jour rejoindre notre équipage sur la route de Jérusalem.

Nos cochers se querellent misérablement et exigent un supplément pour nous ramener à Notre-Dame de France. Nous refusons énergiquement, à cause de leur insigne mauvaise foi, et nous attendons patiemment dans nos voitures qu'ils consentent à marcher, décidés à revenir à pied plutôt que de céder une piastre à ces exploiteurs. La force d'inertie est la suprême raison en Orient, et nous rentrons à l'hôtellerie à 11 h. 1/2, ravies d'avoir été plus têtus que les automédons du pays, ce qui n'est pas peu dire.

H. et moi, nous rencontrons dans les Divans, le Père A., curé de la paroisse grecque-catholique, originaire de Damas, venu déjà hier pour nous voir de la part d'une de nos amies, Mme A. de la C. — L'amabilité en personne, il se met à notre disposition pour toutes les courses que nous désirerons faire et nous convenons de le rejoindre au Patriarcat cet après-midi, après le salut solennel.

A 2 h. 1/2, nous entrons dans la cathédrale, toute peinte en bleu et qui est le siège du patriarche latin de Jérusalem.

Pie IX, en 1849, rétablit le diocèse de la Palestine et de Chypre dont le titulaire, Mgr Piavi, est à Rome en ce moment.

M⁸ʳ Ricardo le remplace et nous reçoit dans ses salons après la bénédiction du Saint-Sacrement. Nous retrouvons le Père A. A., coiffé de son kalimafka, haut bonnet carré que portent uniformément tous les prêtres grecs. Il est excellent, plein d'attention et de prévenance, et nous mène dans son presbytère qui est aussi la résidence du vicaire patriarcal du rite melchite. Nous visitons la chapelle épiscopale, différente des nôtres par la forme de l'autel majeur qui est comme une table, surmontée de quatre colonnes et d'un élégant baldaquin, et de là nous sommes conduites dans une église russe près de la basilique du Saint-Sépulcre, vis-à-vis du temple protestant de Sainte-Marie du Rédempteur, renfermant des ruines très intéressantes.

Le battant de la porte s'ouvre en dehors au lieu de se rabattre à l'intérieur. C'est un hospice pour les femmes russes, mais la chapelle seule nous attire et nous sommes étonnés des restes surprenants de murailles romaines qui sont soignées et conservées jalousement. Les cubes de pierres énormes, les assises gigantesques d'une porte avec quelques sculptures assez fines, indiquent les vestiges d'une entrée certainement importante dont les dalles sont demeurées en place sur un assez long parcours. On ne peut nier l'authenticité de ces blocs à bossage qui ressuscitent à nos yeux l'antique Jérusalem rebâtie par Hérode.

Cette visite est très saisissante et nous admirons

sans réserves les belles toiles qui décorent les murs, en nous retraçant ici même, où Notre-Seigneur montant au Calvaire a dû passer, toutes les étapes de la Captivité et de la Voie Douloureuse.

Le Christ au Jardin des Oliviers et au Tombeau sont particulièrement expressifs, et je regrette de ne pas connaître le nom de l'artiste qui a su rendre, avec tant de sincérité, les physion... s de la Vierge, de son Fils, de saint Jean et de sainte Madeleine.

L'iconostase est d'une richesse incroyable, autel en or avec incrustations de pierres précieuses côtoyant des tables d'argent, des missels ciselés, des statues massives du même métal, et comme pour faire opposition à ce déploiement de splendeur, une vieille femme, à figure de parchemin fripé et en costume de paysanne serbe, lit, d'une voix monotone, des psaumes qu'elle entremêle de signes de croix et de profondes prosternations.

C'est la seule manifestation de vie qui règne dans ce coin ultra-paisible où, il y a dix-neuf siècles, une tourbe sectaire entraînait le Juste par excellence vers le lieu de son supplice. Nous nous promettons de revenir dans cette retraite impressionnante et d'y amener nos amis pour leur faire partager nos mêmes émotions.

Nous nous dirigeons, par la porte des Francs, vers le nouveau quartier russe derrière l'hôpital Saint-Louis.

Sur cette immense esplanade, nous rencontrons des représentants de toutes les religions de l'univers, et je suis frappée du cosmopolitisme de ce boulevard de la civilisation.

Ce sont d'abord des moujiks portant les longs cheveux blonds, la barbe hirsute, grands et bien bâtis, mais l'air fatigué des 2000 verstes qu'ils viennent de franchir à pied ; les Russes aux bottes poudreuses alternent avec les Juifs aux cadenettes graisseuses et à la mine sournoise.

Des imans turcs promènent leur tranquille indolence, tandis que des prêtres arméniens en capuchon pointu de soie noire et des Syriens bronzés nous dépassent vivement.

Les Grecs avec leur chevelure nouée en catogan et les Éthiopiens du plus bel ébène coudoient les Françaises étonnées de ce mélange.

Les Juifs se multiplient et forment ici les trois quarts de la population, mais ils sont méprisés dans leur propre pays et l'accès du parvis du Saint-Sépulcre leur est interdit. La mèche de cheveux laissée en tire-bouchon sur les tempes (cadenette), la toque de fourrure et la lourde houppelande de velours, les font reconnaître aisément. Ils se divisent en une foule de sectes ayant leurs synagogues : Askénazin, Séphardim, Yéménites, Parouchim, etc. Les diverses communions chrétiennes ont conquis chacune un petit troupeau indigène, les rites orientaux

étant aussi nombreux que les races et les langues
qui se partagent en grecque, arménienne, syrienne,
chaldéenne, cophte, abyssine, et qui, sauf les Ma-
ronites, comprennent des catholiques et des orthodoxes. Il faut renoncer à nous retrouver dans cette
variété de religions, irréconciliables comme au temps
des querelles théologiques de Justinien, figées dans
le schisme de Photius, avec leur autonomie et leur
hiérarchie propres ; aussi ne faut-il jamais traiter les
orthodoxes du nom injurieux de schismatiques.

Nous vivons dans un monde à part ; très différent
du catholique d'Europe, le chrétien d'Orient pra-
tique sa religion avec pompe et avec la meilleure
bonne foi.

Toutes les congrégations religieuses viennent
prendre pied à Jérusalem et y fonder des établissements.

En une heure ce soir, nous croisons les frocs
blancs des Dominicains et des Trappistes, la robe
brune des Franciscains, la ceinture de cuir des
Assomptionistes, les soutanes des Pères de Sion et
des Frères des Écoles chrétiennes, le fez rouge des
Pères blancs, sans compter les clergymen, les owa-
kers, les cornettes des sœurs de Charité et de Saint-
Joseph, les bandeaux étroits des diaconesses allemandes et des hospitalières américaines.

Sur le terrain russe, deux magnifiques hôpitaux
sont organisés avec pharmacie et dispensaire ; il y a

aussi d'immenses hospices destinés à abriter les nombreux pèlerins nationaux, et une imposante cathédrale, aux sept dômes miroitant au soleil, vaste et très décorée intérieurement. On y célèbre un office, et, la curiosité aidant, nous entrons pour entendre les voix harmonieuses des fidèles répandus dans toute l'église.

Un prêtre, couvert d'une chape richement brodée et chargée d'ors et de pierreries, sa soyeuse chevelure éparse sur son dos, encense avec majesté l'autel resplendissant; puis, ouvrant l'iconostase, il disparaît mystérieusement, tandis que les chants continuent plus suppliants.

Les assistants sont d'aspect misérable, mais leurs physionomies tellement recueillies sont émouvantes. Ils se prosternent sans cesse et multiplient les uns à la suite des autres de grands signes de croix allant de l'épaule droite à la gauche. Dans un angle quelques femmes se confessent; cela m'a l'air d'une très simple conversation, et, pour terminer, le pope prononce une formule en couvrant la tête de la pénitente avec son étole, et en lui donnant ensuite un grand crucifix à baiser. C'est très rapide et cette façon de procéder ne doit rien avoir de fatigant.

Les chants russes sont très mélodieux, sur un ton plaintif, et m'ont rappelé ceux des chanteurs de Saint-Gervais, étant exécutés sans aucun accompagnement d'orgue ou d'instrument. La voix humaine revêt ainsi plus de calme et grandit sans effort avec ampleur et majesté, remplissant de ses harmonies très pures la nef obscurcie par des nuages d'encens.

Près de cette église, nous admirons une énorme colonne de 12 mètres de long et gisante au ras du sol. Taillée à une époque inconnue, on ne sait à quel monument elle était destinée. La fente qu'elle porte dans la longueur est probablement la cause de son abandon. Suivant le curieux procédé des anciens, les ouvriers n'ont pu continuer à la détacher du banc de rochers auquel elle adhère encore à demi.

Nous passons ensuite devant les consulats russe, français, anglais, et visitons l'église des Abyssins.

Un diacre nègre apporte, d'un air soucieux, les clefs du bâtiment dont les alentours sont désolés, une herbe jaune croît péniblement sous le soleil ardent, entre les cailloux et la poussière.

L'édifice est un pentagone régulier, surélevé, et la haute coupole est revêtue de tuiles noires qui ajoutent à son aspect sévère.

Notre introducteur s'informe de la religion à laquelle nous appartenons. Nous lui répondons : Rome-Catholique. « Alors, dit-il, c'est bien, nous tous aimer le bon Dieu. »

Cette phrase explique à merveille la disposition d'âme dans laquelle vivent et meurent tous les hérétiques orientaux, qui croient en un seul Dieu et en la rédemption de l'homme par Jésus-Christ, mais ne comprennent pas les subtilités d'où naquit le schisme. Ils sont malheureusement inconvertissables, étant de la meilleure bonne foi possible, et Dieu leur sera sûrement miséricordieux, car ils le servent avec piété et ils observent scrupuleusement un rite plus austère que le nôtre.

L'Abyssin, avant de nous laisser entrer, se prosterne à plusieurs reprises comme pour demander pardon à ses saints de notre visite, puis très aimablement, il nous guide dans l'édifice.

Les murailles n'ont aucune décoration et l'ensemble est glacial. Au centre, un enclos, fermé par trois grandes grilles, abrite l'autel.

Il y a une partie réservée aux prêtres, une autre aux hommes et enfin une troisième aux femmes. Des peintures, dans le style russe, représentant la Sainte Vierge, saint Jean-Baptiste, saint Georges, saint Jérôme, alternent avec des scènes de la vie du Sauveur. C'est archaïque comme dessin et un peu primitif. On nous montre la tiare dont se coiffe le célébrant ; elle est en paille de couleurs vives et variées, tressée très finement et ornée de pendeloques de soie, de médailles et de clochettes. Ce doit être un curieux spectacle de voir officier les Abyssins, mais nous n'osons réclamer d'y assister. Nous suivons notre conducteur dans un escalier étroit qui monte en vis jusque sur une grande terrasse régnant autour de la coupole sans le moindre parapet ; gare à ceux qui craignent le vertige ! Avec une mimique très expressive, le noir descendant de Cham crache dédaigneusement dans la direction de la nouvelle colonie juive, où Rothschild vient d'installer ses compatriotes.

Nous sommes enchantées de notre visite, et, pour comble de joie, au moment de partir, un jeune gardien nous apporte un odorant bouquet de jasmin blanc.

Nous rentrons à Notre-Dame de France en remerciant beaucoup notre bon et aimable curé grec, avec lequel nous prenons rendez-vous pour le lendemain matin.

Nous avons tellement trotté toute la journée que nous nous reposons avec délices.

VENDREDI, 22 MAI. — Ce matin, on célèbre une grand'messe solennelle de *Requiem* dans la chapelle des Croisés du Purgatoire, à l'intention de Mʳ D., le pèlerin que nous venons de perdre à Beyrouth. Du reste, nous prions avec ferveur pour tous les membres défunts des pèlerinages passés et pour nos parents et amis appelés avant nous dans un monde meilleur.

Le Père A. nous emmène pour visiter complètement le quartier arménien.

Nous filons à sa suite jusque devant la grande église de Saint-Jacques, au-delà de la porte de

Jaffa, en face d'un vaste jardin où s'élèvent deux pins énormes et une partie des remparts sud-ouest très bien conservés.

Le concierge du patriarcat va chercher, sur la demande du Père A., un moine revêtu du capuchon de soie noire. C'est un ami de notre curé, et nous circulerons ce matin escortées de ces deux représentants de rites très antiques, ayant conservé leur costume national et traditionnel.

Ces Asiatiques ont de beaux types, la barbe et les yeux noirs; l'Arménien est petit, mais vif et spirituel, tandis que le Grec est un homme de haute taille, joignant la bonté à l'intelligence.

L'église patriarcale est intérieurement tapissée de riches plaques de faïence dans le goût oriental, et de peintures originales dont l'une représente le martyre des quarante soldats étendus sur un étang glacé. A gauche, on vénère l'endroit où saint Jacques, le frère de saint Jean, fut décapité par l'ordre d'Hérode Agrippa. — Nous récitons une prière devant l'autel qui recouvrit ses reliques, transportées aujourd'hui à Compostelle; le tombeau de saint Macaire, évêque de Jérusalem, est auprès de celui de son illustre prédécesseur.

Le sanctuaire a trois nefs bizarrement ornées de petits œufs en verre multicolore, et, à côté de ces jouets à 10 centimes, des lustres splendides répandent une lumière parfumée à l'eau de rose.

Le chœur est élevé à 1^m50 du sol, sans aucune marche pour y atteindre, on doit se hisser à la force du poignet. Dans une sorte de sacristie, à droite, on nous montre trois pierres brutes, provenant du Sinaï, du Thabor et du Jourdain, et on ouvre pour nous les tiroirs dans lesquels sont conservés les ornements sacrés d'une richesse inaccoutumée.

Pour convier les fidèles aux offices, les Arméniens se servent d'un appareil appelé simantra : c'est une longue barre de bois qui vient en frapper une autre en fer : les sons obtenus ne valent pas ceux des cloches et le carillon retentit uniforme et grêle.

Le Père A. veut nous faire visiter les salons du patriarche, mais précisément Sa Béatitude est absente et impossible de dénicher le porte-clefs.

Nous traversons alors une série de cours dans lesquelles donnent les cases de l'hospice, où l'on reçoit tous les pèlerins arméniens qui viennent à Jérusalem. Chaque logement se compose d'une pièce dans laquelle on étend de la paille, et où la famille dort pêle-mêle, et d'un second réduit où se prépare sa cuisine pauvre et sommaire.

Un beau puits distribue abondamment l'eau, qui doit être bien nécessaire dans les agglomérations comme il en existe ici au moment de Pâques.

Franchissant encore d'autres jardins, nous voyons le séminaire et parcourons successivement les salles d'étude. Notre venue ne fait pas même lever la tête à ces jeunes gens qui sont penchés sur leurs livres. C'est organisé comme en France et il y a trois classes différentes. Les vitrines, où sont rangés et étiquetés, ainsi que dans un musée, des poteries curieuses, des pièces de monnaie hébraïque, probablement la drachme de l'Évangile, des animaux empaillés, des sculptures sur nacre, sur ivoire, sur laque, etc. nous intéressent vivement. Les pièces sont grandes, bien aérées, et, par les fenêtres ouvertes, on entend pépier les moineaux et ramager les hirondelles sur un superbe sycomore, ombrageant l'établissement, tandis qu'un aimable jardinier vient nous offrir un bouquet de géranium.

Nous arrivons de là dans le sanctuaire du couvent d'Arméniennes, bâti sur la maison d'Anne, beau-père de Caïphe et chef du judaïsme au temps de Notre-Seigneur. Ce monument, assez sombre, n'est curieux que par ce souvenir, et le gardien nous offre de l'eau très fraîche, puisée sous nos yeux dans une citerne au milieu de l'église, la citerne du grand-prêtre, nous assure-t-on ; ce qui est très possible.

On nous montre un olivier auquel Notre-Seigneur aurait été attaché pendant qu'on délibérait sur son sort ; mais cet arbre n'approche pas de ceux de Gethsémani comme taille ni comme authenticité. A notre grand étonnement, on nous asperge d'eau de rose (est-elle bénite ?) avant de nous laisser partir.

Décidément nous marchons de surprise en surprise, et celle-ci n'est pas du tout désagréable.

Nous sortons par la porte Bab-Nebi-Daoud, après avoir remercié notre aimable moine arménien qui nous a promenés si gracieusement dans cet immense enclos. Le Père A. nous fait choisir dans son presbytère des icônes russes dont il a une collection très variée.

La chaleur est revenue, mais elle est normale, sans khamsin et nous rentrons très satisfaits à Notre-Dame de France, sur les 11 h. 1/2.

Un très grand ennui nous attend ; on nous demande de consentir à un second déménagement, deux pèlerins prétendant ne pouvoir monter sans fatigue leurs deux étages. Cette substitution de cellule ne nous sourit point du tout, mais il ne serait pas charitable de la refuser, et séance tenante, nous commençons notre changement.

Nous prenons tristement le numéro 256, dédié à saint Mathias, et nous sommes comme exilées dans ce quartier, bien que, somme toute, Notre-Dame de France soit vite parcourue d'un bout à l'autre. Si nous nous éloignons de la chapelle du Sacré-Cœur, nous sommes tout près de la tribune de la grande église.

Point trop moroses, à 2 h. 1/2, nous nous dirigeons par petits groupes vers la Tour Antonia pour suivre le solennel Chemin de Croix qui se fait à

Jérusalem tous les vendredis de l'année, mais auquel notre présence donne la valeur d'un événement considérable.

Nous entrons cette fois sans difficultés dans la caserne turque où nous attendons, blottis à l'ombre étroite d'une muraille, en récitant à haute voix le chapelet, l'arrivée des pèlerins conduits par l'abbé Potard et qui doivent se joindre à notre manifestation.

Quel spectacle magnifique, réconfortant, étrange, que celui de ces mille personnes venues des quatre coins de l'univers dans la même pensée qui lie subitement des inconnus : adorer Jésus-Christ dans son pays natal et suivre ses traces sur la Voie Douloureuse qui est celle de sa mort et de notre rachat !

Toutes les communautés et les catholiques de Jérusalem s'ajoutent à notre cortège. Enfin, après nous être rôtis au soleil et sur les dalles brûlantes de la caserne, le Père franciscain Pierre d'Alcantara parle éloquemment de la condamnation injuste portée ici même il y a dix-neuf cents ans. Son langage d'apôtre sait trouver les mots qui pénètrent les cœurs et inspirent les résolutions énergiques. A la seconde station, de vaillants pèlerins, sous la direction de Mr de P., chargent sur leurs épaules une des grandes croix de chêne qui étaient sur le pont de la nef, et, en se relayant, ils la transportent pieusement à toutes les étapes parcourues par le divin Maître.

Rien n'est impressionnant comme ce cercle de

braves qui se disputent, mieux que des Cyrénéens, l'honneur de se courber sous ce fardeau, et en constatant encore tant de religion, on ne doit plus douter de la France qui nourrit des enfants si généreux.

Le Père, précédé d'un cawas qui porte un rudimentaire escabeau, nous fait un émouvant discours de cette chaire improvisée sur laquelle il monte à chaque station, pendant que les soldats turcs, en uniforme, le coupe-choux au ceinturon et la courbache à la main, font ranger la multitude curieuse, arrêtent les files de chameaux et d'ânes, interdisent la vente dans les bazars.

Jusqu'à près de 6 heures, nous circulons ainsi dans un quartier des plus populeux et mouvementés de la ville, sans exciter ni colère, ni récrimination. La foule nous regarde ; les balcons des cafés plient sous le poids des badauds, tandis que nous passons gravement en chantant avec conviction le Stabat et des cantiques.

Comme nous prions afin que notre cher pays retrouve bientôt aussi pareille liberté !

Devant le parvis du Saint-Sépulcre, nous sommes arrêtés par les Grecs dont les offices se poursuivent à l'intérieur, et pendant cette halte forcée les appareils photographiques marchent sans interruption.

Notre procession monte ensuite au Calvaire et redescend au Saint-Sépulcre que nous sommes admis à baiser après en avoir fait solennellement trois fois

le tour, la grande croix de chêne et sa fidèle garde
en tête.

La foule se précipite maintenant sur ce bois porté
en triomphe et chacun y colle ses lèvres comme si
c'était une véritable relique.

Encore remuées par ce spectacle 'mouvant et
grandiose, la plus belle cérémonie du pèlerinage
par son déploiement extérieur et simultané, nous
regagnons Notre-Dame de France pendant que
les intrépides vont au Mur des Pleurs des Juifs et
dans les synagogues.

J'ai constaté, il y a deux ans, les larmes de
crocodile répandues sur les assises du Temple
conservées du côté Ouest du Haram près de la porte
Bab-el-Siselé ou de la Chaîne.

Par des ruelles infectes on arrive à cette muraille
longue de 48 mètres et haute de 18, composée de
blocs énormes. Il y en a qui ont 4 et 5 mètres de
long ; ils sont placés sans ciment, légèrement en
retrait les uns au-dessus des autres, c'est superbe
comme agencement de bâtisse et donne une idée
des majestueuses constructions salomoniennes.

Les juifs, revêtus de vastes houppelandes de
velours sombre bordées de fourrure, les femmes aux
yeux hardis et à la corpulence exagérée, les enfants,
gracieux et distraits, tous lisent, dans une bible
enfumée, avec un balancement de toute leur personne
qui rappelle le « tic de l'ours », les lamentations de

Jérémie sur un ton assourdi, tout en caressant le granit de leurs mains osseuses et jetant autour d'eux des regards haineux. J'avais été étonnée de la quantité de vieux clous fixés dans les interstices des pierres et j'en avais eu une curieuse explication que je n'ai pas pu contrôler : « Tout juif dévot, en quittant la Ville-Sainte, plante dans le mur un petit morceau de fer comme le représentant de celui qui ne pourra plus venir se lamenter sur les ruines du Temple, et nul n'a le droit d'y toucher, hormis le propriétaire à son retour. »

Au dîner, les voix harmonieuses qui nous avaient déjà charmés à notre arrivée célèbrent la Croix portée aujourd'hui en triomphe.

LA FRANCE AU CALVAIRE

Rappelle-toi, France, ma douce mère,
L'acte de foi que tu viens d'accomplir.
Rappelle-toi dans son angoisse amère
L'Agneau de Dieu. Garde-toi de faiblir
Sur ce chemin béni qu'on baise et qu'on révère,
Pénitente aujourd'hui, tu gravis le Calvaire.

Écoute encor la voix
Qui descend de la croix,
Rappelle-toi.

Rappelle-toi le bois d'ignominie
Qu'après le Christ ton épaule a porté,

Jésus cloué sur son lit d'agonie
Et fruit de l'arbre au Calvaire planté.
Retrouve les élans de ta première enfance,
Crie à ton Dieu martyr d'oublier ton offense.

Écoute encor la voix
Qui descend de la croix,
Rappelle-toi.

Rappelle-toi la victime sanglante
Au cœur souffrant de terrible abandon
Sur le gibet d'où sa lèvre brûlante
Laissait tomber le mot seul de pardon.
Au pied de l'arbre saint, tombe à genoux, ô France,
Les pleurs du repentir finiront ta souffrance.

Écoute encor la voix
Qui descend de la croix,
Rappelle-toi.

Rappelle-toi, pèlerin de foi vive,
Tu le juras pleurant sur ton pays,
Pour que Jésus dans son grand cœur revive :
L'Église et Dieu seront mieux obéis.
Vers la France et vers toi, Dieu penché dit : « Je t'aime. »
Dans son sang tu reçus comme un nouveau baptême.

Écoute encor la voix
Qui descend de la croix,
Rappelle-toi.

L'électricité dessine dans le fond du réfectoire une
grande croix lumineuse et nous chantons à ce signe

de notre salut comme en une apothéose la triple doxologie :

> O crux, ave, spes unica,
> Mundi salus et gloria.
> Piis adauge gratiam
> Reisque dele crimina.

> Salut, ô croix, notre unique espérance,
> Gloire et Rédemption du monde.
> Rendez le juste plus juste
> Et obtenez aux coupables le pardon.

SAMEDI, 23 MAI. — Une véritable invasion de puces innombrables nous a absolument empêchées de dormir ! Aussi à 2 heures du matin, effrayées du beau désordre régnant dans notre chambre et qui est loin d'être un effet de l'art, nous rangeons tous nos bibelots, très peu réjouies d'avoir abandonné notre cellule si agréable.

Après la première messe, célébrée à 4 heures du matin dans la chapelle de Notre-Dame de France, nous courons réclamer à la sœur Camomille ses meilleurs canons pour faire battre en retraite ces insectes incommodes. Elle nous donne de la poudre... sans fumée et sans danger, vulgairement appelée poudre de pyrèthre et qui doit leur faire prendre immédiatement... la poudre d'escampette.

Nous nous acheminons dans la direction de Sainte-Anne où se célèbre l'office solennel du Pèlerinage.

Je me place près de la porte afin de jouir de l'arrivée du Consul général et de sa réception dans l'église.

Les hallebardes des cawas retentissent dans la cour dallée, tandis que la fanfare du séminaire attaque vigoureusement les notes de « La Marseillaise ». Nous sommes ici en terre française, et le chant de la Révolution, qui est devenu aujourd'hui le chant réactionnaire, revêt ici un charme réel et indiscutable ; il émeut les fibres patriotiques de nos cœurs, et malgré les souvenirs sanglants qu'il évoque, nous ne pouvons le séparer de l'idée du drapeau français qu'il représente. Un peu de notre valeur militaire est renfermée dans cette mélodie martiale et entrainante qui a lancé tant de braves à la conquête de l'univers.

Le supérieur des Pères Blancs, en chape dorée, posté près de l'entrée, offre l'eau bénite au bout du goupillon à M^r le Consul général qui salue et fait un grand signe de croix. Bien sanglé dans son uniforme et suivi de ses secrétaires, il monte dans le chœur, où il assiste à toute la cérémonie

La maîtrise des Pères Blancs exécute d'une façon irréprochable la grand'messe de la fête de l'Immaculée Conception.

Cela nous fait du bien de voir la religion encore officiellement en honneur dans un terrain appartenant à la France, car nous en sommes ordinairement tou-

jours privés, avec le système injuste de la neutralité !
« Soyons à l'allégresse », ainsi que nous y invite le
psalmiste dans l'introït de ce jour.

Mais le sommeil m'envahit pendant le sermon de
je ne sais plus quel prédicateur, et afin de ne pas
scandaliser mon prochain, je descends dans la crypte
de sainte Anne, où, confortablement assise sur une
chaise, et bercée par les harmonies qui déroulent
jusqu'ici leurs ondes adoucies, je prends un acompte
sur ma dernière nuit.

Reposée à merveille, je retrouve nos compagnons
dans le réfectoire où une collation nous a été préparée, et après le départ du Consul, qui, entouré des
sommités, a présidé la table d'honneur, je visite l'intéressant musée où le Père Cré conserve une multitude de manuscrits et d'objets destinés à faire
comprendre la Bible.

Le Père A. nous emmène, ainsi qu'une dizaine de
pèlerins qui se joignent à nous, visiter l'église russe
dont les coupoles dorées, à mi-côte du mont des
Oliviers, ont déjà attiré à plusieurs reprises notre
attention.

Nous sortons par la porte Sitti-Mariam, passons
devant le jardin de Gethsémani, dans lequel nous
entrerons au retour, et gravissons la rude et courte
montée. Nous entrons à droite dans un jardin admirablement tenu, mais où les pauvres plantes, exposées
à un soleil torride, semblent implorer l'aumône d'une

goutte d'eau. Quelques pins amaigris agitent mélancoliquement leurs branches grises de poussière au-dessus de la vallée de Josaphat, et ce coin serait lugubre, n'était la magnifique lumière versée à flots sur tout le paysage.

L'esplanade du Haram s'étend devant nous, en tournant le dos à l'église, et rien ne peut traduire la majesté imposante de ces vieux créneaux qui ont vu passer tant de siècles et de destructions.

Quelques cigognes volent au-dessus de nos têtes et disparaissent derrière le mont du Scandale. Après avoir savouré la beauté de ce coup d'œil, nous pénétrons dans le temple élevé en 1888 et qui n'est autre qu'un vaste et splendide mausolée destiné à renfermer les cendres de la grande-duchesse Alexandra.

Des icônes d'une finesse, d'une harmonie de tons et d'une richesse remarquables sont les seules choses dignes d'admiration.

L'extérieur est d'un clinquant parfait avec son revêtement de faïences bleues et jaunes et ses sept clochetons surmontés de coupoles entièrement dorées. On a retrouvé, dans les fouilles, des tombeaux chrétiens dont l'un contenait des monnaies d'argent du roi Baudouin.

Nous apprenons, en rentrant à Notre-Dame de France, qu'un nouveau deuil vient de frapper le pèlerinage. Un prêtre, Mʳ l'abbé B., curé de Ch. (Eure-et-Loir), âgé de 56 ans, a succombé aux suites des fatigues de la Samarie, pendant que nous priions à Sainte-Anne. Je ne me souviens nullement de sa physionomie et il devait être déjà très souffrant à bord et en Galilée. La sœur Camomille l'avait dissuadé d'entreprendre cette chevauchée de cinq jours qui lui a été funeste, mais il n'a pas voulu y renoncer.

Sa fin a été des plus édifiantes, nous dit le Père A., et il a fait, en pleine connaissance, le sacrifice de sa vie. Les obsèques sont fixées à ce soir même, 4 h. 1/2. Les vêpres des morts sont chantées dans l'église de Notre-Dame de Salut, et la procession s'y forme pour accompagner à sa dernière demeure notre pauvre pèlerin dans le caveau de Saint-Pierre sur le mont Sion.

Les dames ouvrent la marche et nous prions sans cesse à haute voix.

Toutes les communautés de Jérusalem sont là, mais ce sont les Franciscains qui représentent le clergé paroissial. L'évêque grec préside la cérémonie tandis que le Consul, le Supérieur de Notre-Dame de France et le Directeur du pèlerinage accompagnent le cercueil soutenu par des Arabes qui font partie d'une confrérie de la Bonne-Mort et sont persuadés que cette action leur porte bonheur. Nous passons par le quartier arménien et Bab-Nebi-Daoud pour pénétrer dans le terrain des Assomptionistes.

Le caveau est tout au bas de la colline, dans une

grotte, sur le penchant de la Vallée de Josaphat. C'est assez loin, et, après l'absoute, nous reprenons la route de Notre-Dame de France, tout émus de la soudaine disparition de l'un d'entre nous.

On est vite à six pieds sous terre dans ce pays-là, mais cependant c'est une immense consolation de reposer dans le pays de Jésus et d'être entouré et assuré de tant de prières. Nous nous ressentons ce soir des pénibles impressions que nous venons d'éprouver devant ces « loculi » de catacombes, où repose un des bons serviteurs de Dieu.

DIMANCHE, 24 *MAI. Fête de Notre-Dame Auxiliatrice.* — C'est le soleil se levant derrière le mont des Oliviers qui vient indiscrètement nous réveiller dans notre chambre, mais n'étant pas d'humeur matinière aujourd'hui, j'ouvre mon ombrelle qui me garantit une fois de plus de cet astre, adoré par les anciens comme un dieu, que nous aimons certainement aussi, mais dont nous persistons à nous garer. Nous devons aller à Saint-Étienne célébrer le vaillant martyr chez les Dominicains, et nous joindrons à ce souvenir celui de la gracieuse fête de Marie que nous rappelle aujourd'hui notre calendrier. Notre chère amie Cl. va faire sa première sortie, et, bien que Saint-Étienne soit très près d'ici, le docteur a exigé une voiture. Par un hasard providentiel, la messe est très tardive pour le pays, à 7 h. 1/2.

Nous sommes heureuses de prier ensemble ce premier témoin du Christ de nous donner le courage d'être toujours dignes de notre foi catholique et de la défendre au prix de tous les sacrifices.

C'est émouvant d'entendre la lecture des Actes des Apôtres qui nous retracent le martyre d'Étienne, sur le lieu de son supplice.

Le Père Lagrange en quelques paroles éloquentes relate l'historique des vingt-quatre pèlerinages précédents, et, après la courte et fervente allocution du Père M. L., nous nous réunissons au réfectoire où le consul prononce un toast énergique et très applaudi.

Nous trouvons ici le jeune Père M. H., un ami d'enfance, avec lequel nous avons fait maintes parties de croquet ou de tennis, et qui se dispose à évangéliser le Tonkin. Nous nous recommandons à ses prières d'apôtre et de missionnaire, et nous nous réjouissons de rapporter de ses nouvelles à sa famille. Après quelques mots échangés avec le Père B., son très parfait maître des novices, il nous accompagne dans la visite de sa belle église. Les peintures murales sont modernes et fort artistiques. Elles m'intéressent très spécialement, car je connais leur auteur, Mr Aubert, qui m'avait montré, à Paris, dans son atelier, ses croquis de Terre-Sainte. La conception de ses dessins est tout à fait neuve, et ses figures expressives ressortent à merveille sur des fonds d'or.

C'est le Père Mathieu Lecomte, qui, en 1881,

établit le couvent sur les ruines d'une petite chapelle du moyen-âge, construite à l'endroit de la lapidation de saint Étienne, où l'impératrice Eudoxie avait déjà élevé, au ve siècle, une magnifique basilique en l'honneur du premier diacre martyr. Des fouilles pratiquées avec intelligence ont fait découvrir les mosaïques de cette Église sur une surface de près de 700 mètres. Elles sont précieusement enchâssées dans le pavé actuel, venant authentiquer le nouveau monument en le rattachant directement à l'ancien. A coup sûr, le champ où Étienne était mort devint un lieu célèbre dans l'Église primitive et il n'y a pas d'erreur à soupçonner. Saul, qui regardait ici verser le premier sang de l'humanité pensante en l'honneur de son Dieu, naquit à la foi de ce sillon rougi qu'il devait illustrer lui-même après avoir prêché le Christ Jésus !...

Au milieu de l'église une quinzaine de degrés de marbre blanc descendent à la confession de Saint-Étienne, dans laquelle, sous un autel richement sculpté, sont conservées des reliques insignes de ce martyr.

Nous récitons là une dernière prière avant de quitter ce touchant sanctuaire, autour duquel les Dominicains ont bâti une superbe maison d'études bibliques et exégétiques.

Nous visitons quelques tombeaux où nous est montrée clairement la façon dont les juifs fermaient leurs sépulcres. Nous saisissons alors les paroles de l'Évangile racontant l'inquiétude des Saintes Femmes le matin de Pâques : « Comment roulerons-nous la pierre de l'entrée ? » Celle-ci ressemble à une meule de moulin et s'adapte en hauteur, comme une roue, dans le sens de l'épaisseur, et non dans celui de la largeur.

Une partie des pèlerins va jusqu'au Tombeau des Rois, curieuse nécropole, dans laquelle on descend par un large escalier taillé dans le roc. La paroi est cintrée pour livrer passage à l'entrée dans une vaste cour. Sur un vestibule carré, s'ouvrent les portes en pierre des chambres funéraires.

Ces vastes demeures souterraines ne sont sûrement pas le cimetière des rois de Juda. Les hypothèses en font la tombe d'une princesse Hélène d'Adiabène (ancienne contrée de l'Assyrie), qui, venue à Jérusalem 44 ans après Jésus-Christ, nourrit les pauvres au moment d'une affreuse famine et y fut enterrée dans les cavernes royales qu'elle s'était préparées.

Dans l'une des chambres, Mr de Saulcy a trouvé des monnaies de l'année qui précéda le siège de la ville par Titus, ce qui s'accorde parfaitement avec ce que nous savons de cette reine par l'historien Josèphe, qui a mentionné également les quatre splendides palais qu'elle possédait à Jérusalem.

Le bon Père A. ne manque pas à sa visite quotidienne et nous donne rendez-vous pour le lendemain matin, puisque notre après-midi doit être consacrée à la visite des mosquées.

A 3 h. 1/2, après une longue séance de photographie, nous prenons la rue qui traverse le bazar et aboutit, par un couloir sombre et voûté, sur la magnifique esplanade du Haram-ech-Cherif, recouverte autrefois par le Temple de Salomon.

Actuellement c'est une enceinte renfermant la mosquée d'Omar, celle d'El-Aksa, leurs dépendances, et ayant l'aspect d'un trapèze de 500 mètres de long sur 300 de large, avec le Qoubbet es Sakhrah (la Coupole du Rocher) au centre, sur une seconde plate-forme.

Les musulmans considèrent cette place comme la plus sainte de la terre après la Caaba de la Mecque, aussi l'accès en est rigoureusement interdit aux juifs, et c'est seulement depuis peu d'années que, cédant à l'appât du backchich, ils admettent quelquefois les chrétiens à visiter ce lieu de leurs promenades favorites, planté çà et là de cyprès et d'oliviers.

Trois grandes religions du monde ont ici des souvenirs mémorables : Après le sacrifice figuratif du pain et du vin offert par Melchisédech et celui d'Isaac lié pour être immolé, le sommet du Moriah devint la propriété d'un Jébuséen nommé Ornan. — C'est au-dessus de son aire que se tenait l'ange de la peste qui ravagea Jérusalem pendant trois jours sous le roi David. Celui-ci, pour apaiser la colère du Seigneur, acheta pour 600 sicles d'or le terrain d'Ornan et y offrit un sacrifice expiatoire. Salomon exécuta l'œuvre opulente rêvée par son père d'élever une demeure à l'Éternel, pour laquelle le roi de Tyr, Hiram, prêta ses cèdres, ses architectes et ses ouvriers. Au bout de sept ans, la dédicace de ce temple resplendissant fut marquée par des fêtes inoubliables.

Zorobabel le fit reconstruire au retour de la captivité de Babylone, les Chaldéens ayant brûlé cette merveille du monde cinq siècles après sa construction.

Les prophètes et les plus saints en Israël ont foulé le sol de cette colline, et, à l'aurore du christianisme, c'est Zacharie, auquel un ange annonça la naissance de Jean-Baptiste, et le vieillard Siméon à qui l'Esprit-Saint inspira le *Nunc dimittis*, redit chaque jour par l'Église ; c'est Marie et Joseph venant célébrer la Pâque et laissant Jésus au milieu des docteurs. Combien de fois sa parole véhémente ne s'est-elle pas élevée sous ces portiques, que nous nous imaginons aisément encombrés par la foule haineuse des pharisiens et des princes des prêtres !

La ruine inévitable de ce temple auguste, prédite par le Messie, fut accomplie à la lettre, et la plate-forme resta déserte et couverte de décombres, jusqu'à ce que le kalife Omar (618), après la conquête de Jérusalem, vint y faire sa prière et jeter les fondations d'une mosquée sur le Saint des Saints.

Nos pères les croisés la convertirent en Église, jusqu'à ce qu'elle retombât au pouvoir de Saladin qui la purifia à l'eau de rose et la décora superbement.

Nous sommes entrées par la porte Bab-en-Nazir, ou porte du Gardien, tout près de l'angle Nord-Ouest, qui domine les autres de 3 mètres et dont les fondations sont à une profondeur de 36 mètres.

Les côtés occidentaux et septentrionaux sont bordés de maisons dont le bas est entouré de portiques.

Plusieurs petits monuments servant à la prière et pourvus de mihrab sont disséminés sur cet emplacement, ainsi que « des sébils » ou fontaines pour les ablutions.

Au Nord, un haut minaret s'élève près des ruines de la Tour Antonia, convertie en caserne, celle-là même dans laquelle nous sommes entrés pour la première station du Chemin de la Croix. Les Machabées avaient rebâti la forteresse en lui donnant le nom de Baris, qu'Hérode, en l'agrandissant, changea pour celui d'Antonia. C'était un vaste bâtiment rectangulaire, occupant tout le nord de l'Esplanade, et les soldats romains surveillaient de là les allées et venues des Juifs.

Nous abordons par un escalier très doux la seconde plate-forme, plus élevée de 2 mètres environ, et supportant la mosquée.

Devant nous, un petit édicule octogonal, le

Koubbet-el-Miradj, consacré à l'ascension nocturne de Mahomet, offre la copie exacte de la mosquée du mont des Oliviers.

Par une des arcades disséminées sans ordre et comme oubliées par les dévastateurs, nous atteignons ce sol qui fut certainement celui de l'ancien Temple. Nous sommes émus en voyant les transformations accablantes du jour présent, et nous pensons au feu du ciel que Jéhovah fit descendre maintes fois pour consumer les victimes innombrables qui lui furent offertes en ce lieu.

Il y a dix-neuf siècles, tout autour de nous régnaient quatre vastes portiques couverts en bois de cèdre, soutenus par des colonnes de marbre blanc; aujourd'hui cette aire est désolée et seule la splendide mosquée attire les regards.

Cette construction octogonale est revêtue de carreaux de faïence, dans le style persan, qui offrent un contraste merveilleux entre l'émail bleu mat et le blanc pur, ainsi qu'entre les tons verts des rebords et les traits enlacés des grandes inscriptions des versets du Coran.

Il y a une porte aux quatre points cardinaux; chacune des huit faces, qui mesure 20 mètres, comprend sept fenêtres à ogive déprimée, fermées par des plaques de plâtre avec des trous en forme d'entonnoir sertissant de petits morceaux de verre de couleurs variées.

Nous allons admirer la splendeur des teintes de ces vitraux, laissant filtrer peu de lumière parce qu'ils sont garnis extérieurement de cristal blanc, d'un treillis de fer et enfin d'un grillage en faïence les protégeant contre les intempéries.

Ce chef-d'œuvre de légèreté et d'élégance, de luxe de décoration et d'harmonie de proportions, fut commencé par Omar en 638, mais c'est Abd-el-Melik qui, dans le but de détourner les croyants de La Mecque où triomphait son ennemi Mohammed, trouva ici le lieu qui lui convenait.

Le kalife Mamoun en fut le restaurateur, vers 831.

Le plan est byzantin et rappelle Sainte-Sophie de Constantinople.

En 1099, les Croisés nommèrent cet édifice le *Templum Domini*, qui fut desservi par des chanoines de saint Augustin et embelli de peintures et de revêtements de marbres.

Saladin, en 1187, le rendit aux musulmans, et Soliman le répara en 1520 pour la dernière fois.

Avant d'entrer, nous allons nous asseoir dans un pavillon ajouré, situé devant la porte de l'Est, dite Bab-el-Silselé ou de la Chaîne, pour exécuter le cérémonial obligatoire d'enlever nos chaussures. Ce petit bâtiment, dont les croisés avaient fait une chapelle dédiée à saint Jacques, s'appelle le Tribunal de David ; il est composé de deux rangées concentriques de colonnes qu'on peut apercevoir toutes à la fois par une curieuse disposition. Elles sont au nombre de dix-sept et toutes différentes.

La légende musulmane prétend que les mérites des âmes sont pesés ici et qu'une chaîne invisible relie au ciel la coupole de cet édifice, d'où le nom arabe de « Koubbet-el-Silselé ». Les portes de la mosquée sont recouvertes de plaques de cuivre fixées par des clous gracieusement ouvrés et les serrures sont artistiquement travaillées.

Trois enceintes, disposées en circonférence les unes dans les autres, divisent le monument, qui ne ressemble à rien de déjà vu.

Le premier cercle est octogonal et comprend huit piliers et seize colonnes accouplées. Ce sont des monolithes de marbre variant de couleur, de forme et de hauteur, et provenant d'édifices plus anciens. Il y a des chapiteaux de tous les styles et l'un d'eux porte même une croix.

De grosses imposes byzantines les relient, pour leur donner la même élévation, (6 mètres) et soutiennent de petites arcades couronnées de mosaïques d'une richesse surprenante. C'est un enchevêtrement capricieux de guirlandes, de fleurs de convention, fantastiques avec des corolles découpées, diaprées d'or, accompagnées de larges feuilles d'où s'échappent des tiges chargées de boutons, de fruits bizarres, entre lesquels on est tout étonné de découvrir des grappes de raisins.

Au-dessus court une large bande azurée avec de vieilles inscriptions coufiques en lettres étincelantes : ce sont des versets du Coran, relatifs à « Jésus, fils de Marie, l'*Envoyé* de Dieu et son Verbe », niant par conséquent sa divinité.

La deuxième enceinte est séparée de la troisième par quatre grands piliers et douze colonnes disposées en rond. Leurs bases sont revêtues de marbre et elles sont aussi toutes dissemblables.

Des arcades, surmontées d'un tambour orné de mosaïques du Xe siècle, supportent la coupole en reposant directement sur les chapiteaux.

Les artistes byzantins, obligés par l'islamisme à ne pas reproduire de figures, ont représenté une flore imaginative et des arabesques d'une finesse exquise.

La coupole, en bois, de 20 mètres de diamètre, est haute de 30 mètres à partir du sol et terminée par un croissant ; elle est très richement peinte avec des ornements en stuc et des clous dorés sur fond bleu. Elle date de 1022 ; seize fenêtres, à vitraux sertis dans le plâtre, percent le tambour, mais ne donnent qu'une lumière diffuse qui contribue à l'aspect majestueux de cette construction parfaitement satisfaisante pour les yeux.

Le pavement de marbres et de mosaïques est recouvert de nattes, probablement pour nous empêcher de nous enrhumer.

Nous avons tous des airs extraordinaires en circulant sous ces lambris dorés, nos bottines soigneusement tenues en évidence entre le pouce et l'index !

Le rocher sacré, l'Es-Sakhrah, celui du sacrifice d'Abraham, est au centre, isolé par une grande grille en fer forgé, datant des croisades, et reposant sur un banc de pierre, entre les colonnes du second pourtour.

Les Croisés avaient élevé un autel sur le rocher qui porte encore des traces de la transformation.

Une balustrade en bois de diverses couleurs est disposée, de manière à ce qu'on puisse circuler entre celle-ci et la grille.

C'est du banc adossé à la porte Nord-Ouest que le regard peut le mieux embrasser l'ensemble du rocher.

Quel dommage que nous n'ayons plus la faculté de voir ainsi celui du Calvaire, et comme l'impression ressentie au Golgotha gagnerait en profondeur, en acuité et en intérêt palpitant !

Le rocher a 18 mètres sur 13^{m}50 de large et il s'élève à environ 2 mètres du sol. Du temps des Juifs, sur ce bloc de pierre grise, était placé l'autel des holocaustes, car on y a constaté l'existence d'une rigole par laquelle le sang des victimes devait s'écouler. Les musulmans ont inventé une foule de légendes au sujet de ce roc. Bien qu'il soit solidement assis sur le sol de la mosquée, ils le prétendent suspendu sans appui sur l'abîme. L'archange Gabriel serait intervenu pour le retenir immobile à une certaine hauteur, et l'empêcher de suivre Mahomet et sa jument blanche, El-Bourak, le jour de son ascension.

Dans un angle on voit les traces, absolument fantaisistes, des pieds de Jésus, et de gros volumes du Coran que nous devons nous garder de toucher.

On conserve trois poils de la barbe du prophète dans une urne d'argent ainsi que l'étendard vert enroulé autour de sa lance et la bannière d'Omar. Les imans ont soin de nous montrer dans une plaque de jaspe les dix-neuf clous en or fixés par Mahomet lui-même et destinés à marquer le nombre de siècles que devait durer le monde : il reste encore trois clous et demi.

Dans une grotte au-dessous du rocher, le guide indique les endroits où David, Salomon, Abraham et Elie auraient prié et une cavité souterraine appelée Puits des Ames.

« Une prière près de ce rocher vaut mieux que mille ailleurs, » a dit Mahomet. Aussi les dévots y viennent en foule se prosterner plusieurs fois par jour.

Historiquement, cette crypte est la citerne placée sous l'aire d'Ornan, et l'excavation située sous le pavé est la bouche du canal aboutissant à la vallée de Josaphat et servant de conduit aux eaux-vannes et au sang des victimes.

Nous passons sans transition de la mosquée sombre au soleil rutilant, et rien n'est comique à voir comme la multitude qui se chausse à la hâte dans tous les coins.

Nous nous dirigeons vers le sud, sous un élégant portique ogival, décoré à droite d'une jolie chaire, vrai bijou de sculpture, en marbre blanc, dont les légères colonnettes sont surmontées d'arcades en feuilles de trèfle. C'est la chaire de Bosran-Eddin-Kadi où l'on prêche tous les vendredis pendant le Ramadan.

Avant de descendre l'escalier de vingt-et-une marches, nous jetons un dernier coup d'œil sur la Koubbet-es-Sakhrah, qui impressionna tellement les Francs du moyen-âge qu'ils créèrent l'ordre des Templiers pour la défendre contre les attaques des Mahométans !

Nous sommes de leur avis, mais les alentours sont trop désolés et mornes. Au centre d'une allée de cyprès, un grand bassin rond, appelé El-kas, fournit de l'eau provenant des vasques de Salomon, puis nous arrivons devant la mosquée d'El-Aksa, dont le nom signifie « la plus éloignée » parce qu'à l'époque où elle fut construite, elle était la plus loin de la Mecque.

C'est aujourd'hui un immense édifice à sept nefs, avec transept mesurant 90 mètres sur 60 et appuyé au mur méridional du Haram.

L'empereur Justinien y avait élevé au vi^e siècle une église en l'honneur de la Présentation de la Sainte Vierge.

L'historien Procope nous ı conte que, l'espace manquant au Sud et à l'Est, il fallut les secours de l'art pour asseoir les substructions du chevet. Les architectes les adaptèrent au rocher, les montèrent au niveau du plateau et jetèrent des voûtes sur le mur, obtenant ainsi une surface à la même hauteur que l'enceinte sacrée.

En 638, Omar vint prier dans le sanctuaire de Sainte-Marie et en exigea la désaffectation.

La mosquée fut détruite par des tremblements de terre en 770, mais le calife Mohammed la releva de ses ruines et les croisés la transformèrent en résidence royale sous le nom de Palais de Salomon.

Baudouin Ier céda une partie des dépendances à Hugues de Payens, qui s'y établit en 1118 avec l'ordre célèbre des Templiers. Saladin la restaura et la couvrit de mosaïques après la prise de Jérusalem, en 1187.

Les sept arcades ogivales du porche correspondent aux sept nefs de l'intérieur, elles datent de 1236 et ne sont pas en harmonie les unes avec les autres, ayant été empruntées à divers monuments.

Le plan primitif de l'église se reconnaît aisément par l'ancienneté des trois nefs centrales, les quatre autres ayant été ajoutées pour faire disparaître la disposition chrétienne qui formait une croix. Elles sont très élégantes, ayant du caractère et de l'unité. Les chapiteaux avec des feuilles d'acanthe sont byzantins, tandis que les sept arceaux qui courent sur les colonnes sont des ogives reliées par l'ancre de jonction spéciale au style arabe.

Un double rang de fenêtres règne au-dessus; celles du haut ouvrent à l'extérieur et celles du bas sur les nefs latérales.

Le toit est à poutres apparentes, comme dans les basiliques et forme quatre tympans remarquables au dehors.

Le transept a été construit avec d'anciens matériaux, mais n'est pas uniforme.

La belle mosaïque sur fond d'or de la coupole est due à Saladin, qui fit aussi apporter d'Alep la magnifique chaire ornée d'arabesques, incrustée de nacres et d'ivoires et sculptée par l'ordre du sultan Nour-Eddin.

Bien entendu, avant de pénétrer dans cet édifice, il a fallu recommencer la cérémonie du déchaussement; les gardiens nous regardent tous attentivement, se précipitant comme des forcenés sur ceux qui résistent à leurs injonctions et balayent soigneusement les superbes moquettes sur lesquelles nos souliers se sont posés.

Au-dessus du mihrab, nous remarquons quelques vitraux d'un moins bel éclat que ceux de la Sakhrah, bien que de la même époque (xvi⁰ siècle).

A droite de la chaire, se trouve l'Angle de la circoncision, petit oratoire entouré d'un grillage en fer qui remonte aux croisés, et où les musulmans montrent l'empreinte d'un pied de Jésus, et un peu plus loin, les deux colonnes de l'Épreuve, laissant entre elles un espace très étroit, à travers lequel l'homme vertueux et prédestiné doit se glisser facilement. Il paraît qu'un croyant, des plus obèses et des plus fervents, voulut un jour forcer le passage, et fit de tels efforts qu'il mourut étouffé sur place. L'autorité religieuse, grandement émue, fit établir une barrière pour empêcher les amateurs de tenter la conquête du paradis de Mahomet aux dépens de leurs jours. En Égypte, au Vieux-Caire, dans la mosquée d'Amrou, l'accès des colonnes n'est pas défendu et je me suis assuré là les bonnes grâces du Prophète.

Le transept se prolonge à l'ouest par une longue galerie de 65 mètres, voûtée en ogive et divisée en deux par de lourds piliers. C'était la salle d'armes des Templiers, qui demeuraient dans cet angle du Haram, et c'est aujourd'hui la mosquée des femmes ou mosquée blanche.

Du côté opposé, dans un bâtiment de 25 mètres, nu et sans intérêt, on montre la vraie mosquée d'Omar ; la Sakhrah portant ce nom par erreur et seulement depuis le xiiᵉ siècle.

Nous sortons d'El-Aksa tristement impressionnés

de penser que les grands souvenirs de la Présentation de la Vierge au Temple, que l'endroit où elle a passé son enfance et sa jeunesse consacrée à Celui dont elle devait être la mère, appartiennent à présent aux mécréants, ennemis des chrétiens. La vie de travail et de vertu, que Marie a menée ici, n'a pu protéger ce coin de terre qui l'abritait et où nous voyons, par l'imagination, la scène que les pinceaux des maîtres de la peinture ont rendue souvent avec une si suave expression et une touchante et grandiose simplicité.

Nous trouvons à droite, près de la porte principale, l'entrée d'un souterrain parallèle à la mosquée et s'avançant en pente douce jusqu'à la muraille méridionale ; une rangée de piliers carrés le divise au commencement pour se réunir en une seule galerie vers l'extrémité ; une énorme colonne monolithe sert de point d'appui aux retombées des voûtes sphériques aboutissant à la vieille porte Double, aujourd'hui murée, mais parfaitement conservée avec des sculptures de style gréco-romain remontant à Justinien.

C'est probablement ici la porte dont il est fait mention dans l'Évangile et que Notre-Seigneur a dû souvent franchir pour *monter* au Temple.

Nous voudrions pouvoir nous agenouiller et baiser ces pierres qui peut-être ont vu circuler le Sauveur et ses disciples, entendu les paraboles ;

mais c'est impossible à cause des musulmans dont elles sont devenues la propriété.

Nous remontons confondus par toutes les antiquités que nous venons d'admirer et parcourons maintenant l'angle Sud-Est de l'Esplanade dont les dalles flamboient au soleil.

C'est le côté le plus remarquable de la muraille et on ne sait quelle époque assigner à ce solide massif de maçonnerie, dont on n'a pu pénétrer les fondations malgré des fouilles de 18 mètres. Les gigantesques blocs de pierre de taille, qui s'élèvent à 23 mètres au-dessus du sol actuel, n'ont pas bougé, et on est en droit de faire dater cette construction immuable des rois de Juda.

Par un escalier de trente-deux marches, nous descendons dans les substructions attribuées au VIe siècle seulement.

Après la visite d'un petit oratoire musulman, où nous est montré le berceau apocryphe de Jésus, nous pénétrons dans les immenses souterrains appelés Écuries de Salomon. C'était dans ce voisinage que le roi avait son palais ; mais il est certain que les Templiers, et non Salomon, y logeaient leurs chevaux, car nous voyons encore au pied des piliers les anneaux qui servaient à entraver les bêtes à la mode orientale.

Ces galeries sont monumentales, larges de 83 mètres et longues de 60, formant treize allées, voûtées en berceau et séparées par quatre-vingt huit colonnes.

Nous remarquons plusieurs vastes citernes qui coupent désagréablement cette magnifique perspective.

Dans le mur méridional, nous reconnaissons une porte, dite porte Simple, et, un peu plus loin, les soubassements de la porte Triple qui formaient, avec la porte Double, les accès de la cité de David aux parvis du Temple.

Pendant que nous longeons le mur oriental, au-dessus de la vallée de Josaphat, jusqu'à la porte Dorée, les musulmans ont soin de nous montrer une colonne encastrée horizontalement dans les fortifications et débordant à droite et à gauche : point de départ du pont invisible aboutissant au mont des Oliviers et que tous les hommes doivent franchir au jugement dernier, mais les bons seuls seront soutenus et guidés par les Anges.

Nous montons sur les créneaux pour jouir de la vue superbe de la vallée sauvage du Cédron et de la cime décharnée du mont de l'Ascension.

A notre immense surprise, par ordre gracieux du pacha, les grilles intérieures de la porte Dorée sont ouvertes devant nous.

Le Père Pr. me dit que seul le consul général a reçu une fois cette permission, et il m'avertit de regarder avec attention ce bijou où, il est plus que probable, je ne remettrai jamais les pieds.

Un escalier d'une quinzaine de marches conduit aux deux entrées du sanctuaire appelées porte du Repentir et porte de la Miséricorde, et qui présentent une double arcade à plein cintre, avec des archivoltes et des bandeaux surchargés d'ornements byzantins. Ce monument est attribué à Justinien, qui l'éleva en souvenir de l'entrée triomphale de Notre-Seigneur le jour des Rameaux, et du miracle de saint Pierre guérissant le paralytique au nom de « Jésus de Nazareth. »

Les deux nefs de l'église sont soutenues par trois colonnes en marbre gris. Les côtés sont ornés de pilastres surmontés de frises richement sculptées, et chaque nef est limitée par deux calottes sphériques et une petite coupole à jour.

Nous admirons la finesse des chapiteaux, dont la ciselure est sans pareille comme légèreté et variété ; la pierre, merveilleusement fouillée, apparaît souple comme de la dentelle et des mieux conservées. De l'intime de notre cœur surgit une prière, mélangée de regrets amers et de tendre reconnaissance envers Celui que la foule honorait ici de ses hosannah délirants, tandis qu'aujourd'hui nous sommes obligés de refouler les élans qui nous emporteraient à une démonstration extérieure de notre piété. Fasse le Ciel que les multitudes converties reviennent sans retard adorer le Roi Pacifique qui passait sous ces portiques il y a dix-neuf siècles, entouré des pauvres et monté sur un ânon.

La porte Dorée était appelée *porta speciosa* qui veut dire Belle porte, en grec θύρα ωραία (tura auraia), dont, par homophonie, les croisés ont fait *aurea*, dorée.

D'autres auteurs soutiennent que, étant la seule porte donnant à l'Est, son nom serait une corruption d'orient, mais c'est peu admissible. Les Arabes l'ont murée complètement parce qu'ils croient à une légende, prétendant que les Francs s'empareront un jour de Jérusalem et y pénétreront par cette porte !

Des chroniqueurs du XIIe siècle nous ont raconté avoir assisté, le jour des Rameaux, à une imposante procession qui partait de Bethphagé chargée de palmes et passait par cette porte ; le patriarche était monté sur un âne et le peuple étendait ses vêtements le long de son chemin !

Un peu plus au Nord se voit une mosquée moderne qui porte le nom de Trône de Salomon. C'est là qu'il serait mort assis sur son siège, le sceptre en main. A travers la grille de fer couverte de petits chiffons en guise d'ex-votos, je regarde à l'intérieur.

Il n'y a qu'un cénotaphe orné d'un tapis vert.

Cette partie de l'esplanade est légèrement en contrebas et on nous fait admirer cette vaste enceinte, jadis le lieu le plus auguste du monde, où croît seule dans la désolation une herbe chétive. Quelques soldats turcs accroupis au soleil couchant ne lèvent même pas la tête pour nous regarder sortir du Haram.

Par des fenêtres percées sous les arcades septentrionales, nous jetons un regard curieux sur un immense réservoir, le Birket-Israël, identifié longtemps à tort avec la piscine de Bethesda que nous avons vue hier encore à Sainte-Anne. Il mesure 110 mètres de long sur 40 de large et le fond de 24 mètres est couvert de décombres et d'immondices.

Chacun fait ses préparatifs afin de partir demain pour Jéricho.

Le temps est frais et très favorable pour entreprendre cette intéressante excursion que chaque pèlerin de Terre-Sainte doit faire une fois au moins.

Je confierai H. à de sûres et excellentes amies, ne comptant pas l'accompagner dans cette direction que j'avais prise il y a deux ans. Demain soir ma cellule va me paraître bien solitaire et les corridors de Notre-Dame de France seront presque déserts.

LUNDI, 25 MAI. — Le pèlerinage se réunit aujourd'hui dans l'église de la Flagellation, mais c'est un peu tôt; voulant ménager ma voyageuse, nous entendons paisiblement la messe dans l'église de Notre-Dame de France et nous nous acheminons ensuite vers ce sanctuaire, élevé en 1838 sur les ruines d'une église plus ancienne dont les Franciscains étaient dépossédés depuis 1618. C'est une restitution opérée par Ibrahim Pacha, et pour laquelle le duc Maximilien de Bavière a donné la somme nécessaire à la construction qui n'offre rien de remarquable.

Nous prions sur ce terrain où notre Sauveur souffrit si cruellement, voulant nous inspirer l'horreur de la mollesse et l'amour de la mortification.

En ce moment les Pères construisent une chapelle dans l'ouest du terrain, sur les débris d'un oratoire existant sur le prolongement du pavé romain et dont on ignore le nom et l'âge. Nous rejoignons nos co-pèlerins dans le couvent des Dames de Sion, où nous sommes heureuses de voir une jeune religieuse, Mlle H., amie de nos amies, et qui paraît très touchée de notre visite ; elle voit si rarement des Français !...

H. boucle son sac de retour à Notre-Dame de France et nous sommes émues de nous quitter.

A 11 heures, vingt-cinq voitures emmènent les quatre-vingts voyageurs dans un tourbillon de poussière et une tempête de hurlements, les cochers voulant tous être au premier rang. J'ai accablé H. de recommandations, et, malgré l'assurance que j'ai de sa prudence, je ne serai tranquille que demain soir. Elle est ravie de voir Jéricho, le Jourdain, la mer Morte, mais la responsabilité me pèse davantage à mesure que la distance augmente.

Le temps est délicieux, 22 à 24 degrés à peine ; Notre-Dame de France est devenue triste, le ciel me semble assombri. Ceux qui restent se serrent les

uns près des autres comme pour s'encourager à
cette aube de départ, présage de la séparation défi-
nitive qui nous guette dans trois semaines.

Mon après-midi s'écoule dans une correspondance
frénétique... et à 4 h. 1/2 je vais à Saint-Louis
accompagner mon amie Cl. qui descend prier au
Saint-Sépulcre pour la première fois. Afin de lui
éviter la marche si fatigante sur les pavés glissants,
une « portantine » est commandée. Deux solides
Arabes, au pas souple et silencieux, saisissent les
brancards de cette véritable chaise à porteurs ; un
jeune Assomptioniste, le Père A., deux ou trois
amies nous escortent et nous arrivons en cet équipage sur le parvis du Saint-Sépulcre. Nous parcourons ensemble ces sanctuaires vénérés, nous agenouillant devant la pierre qui recueillit les membres
endoloris du Sauveur et livra passage à son corps
glorieux et ressuscité.

Le Calvaire, la chapelle de Sainte-Hélène nous retiennent également dans une prière émue, puis « la portantine » repart et nous suivons son mouvement doux
et cadencé jusqu'à la porte du grand couvent franciscain de Saint-Sauveur. C'est l'église paroissiale
de Jérusalem à laquelle Léon XIII a transféré les
indulgences du Cénacle.

Un large escalier nous y conduit, la basilique
étant juchée au premier étage, ce qui paraît singulier.

Elle est assez grande, bien plus que celle du

Patriarcat, presque neuve, décorée richement, mais lourdement. Le buffet d'orgue est très beau et le marbre a été prodigué comme revêtement des autels. Les stalles du chœur sont finement sculptées et nous admirons aussi de beaux chandeliers d'argent massif.

Nous rentrons après avoir été au Patriarcat. Une nuée de gamins nous dévisage effrontément et se met à notre suite : c'est du plus haut comique de circuler dans ces rues étroites avec un cortège aussi bizarre.

Mon amie est enchantée de sa journée, et elle va de mieux en mieux.

A la soirée, en regardant monter la lune dans le ciel pur, je pense au poétique mois de Marie auquel assiste sûrement H., dans un bosquet de lauriers roses et de jasmins ; et l'impression de tristesse, due à ce que nous nous sommes quittées si loin des nôtres, subsiste malgré tout au fond de l'âme.

MARDI, 26 MAI. — Après une nuit excellente que n'a point troublée l'idée de notre séparation momentanée, j'assiste à la messe dans la chapelle des Croisés, unie en pensée à celle que ma sœur entend sur les rives du Jourdain, à l'endroit où Jean-Baptiste dit à la foule : *Ecce Agnus Dei.*

Le temps est toujours parfait et nous nous en réjouissons pour l'agrément qu'en aura la caravane.

Quant à nous qui sommes restés à Jérusalem, il est devenu presque trop froid !..

Le pèlerinage se réunit ce matin dans l'église de Sainte-Véronique, que les Grecs ont élevée sur la maison de ce modèle des femmes courageuses et dévouées.

La messe doit y être célébrée, selon le rite grec, à 7 heures, par l'évêque melchite assisté de deux de ses prêtres.

C'est une cérémonie qui rappelle vaguement les nôtres et que nous tenons beaucoup à voir.

Dans l'église de Saint-Julien-le-Pauvre, à Paris, cet office imposant a lieu avec les mêmes formules, mais à Jérusalem, il semble que l'intérêt sera augmenté de tout le cachet oriental dont nous sommes entourés et pénétrés.

Les prières de cette messe sont dues à saint Jean Chrysostome et à saint Basile le Grand et remontent par conséquent au IVe siècle.

C'est un abrégé de la liturgie établie à Jérusalem par saint Jacques le Majeur, et cette vénérable antiquité, cette langue qui a été parlée par les Apôtres, l'ont fait honorer par plusieurs papes, particulièrement par Léon XIII, qui nous a laissé entrevoir ici un des témoignages de la richesse de l'Église et de l'unité de la foi catholique dans la diversité des rites.

Le célébrant commence par se rendre au petit autel de la prothèse, situé à gauche, où il se lave les mains, met le pain fermenté sur la patène, verse le vin dans le calice et les y laisse jusqu'au Credo. Le mot « prothèse » signifie préparation, et cette partie de l'office correspond à l'offertoire.

Le petit autel représente la grotte dans laquelle Jésus-Christ est né, et l'autel du sacrifice ou « sainte table » figure la croix sur laquelle Il fut crucifié.

C'est le concile de Florence, tenu en 1439, qui a décrété formellement que les prêtres, suivant le rite auquel ils appartiennent, useraient pour consacrer de pain azyme ou de pain fermenté.

Le psaume *Judica me Deus* du commencement de notre messe n'existe pas dans cette liturgie qui commence par le *Gloria in excelsis*, après lequel le célébrant, se tournant vers les fidèles, leur présente, après l'avoir baisé, le livre du Saint Évangile et chante les oraisons de la fête du jour avant « le trisagion » qui est une triple acclamation au Seigneur, et dont notre *Kyrie eleison* est la copie fidèle. C'est aussi ce chant que nous entendons en grec le Vendredi-Saint : « Agios o Théos ! Agios Ischiros ! Agios Athanatos ! eleison imas ! Dieu saint, Saint Puissant, Saint Immortel, ayez pitié de nous ! »

Ces invocations auxquelles je m'unis sur une des étapes de la Voie Douloureuse me rappellent d'une manière pénétrante l'Adoration de la Croix !...

Toute la messe est chantée en grec, sans accompagnement d'orgue et sur un mode d'instante prière.

Le prêtre entame la récitation d'une série de litanies qui sont entrecoupées d'oraisons après chaque invocation.

Il se retourne souvent vers les fidèles en étendant les mains au-dessus d'eux et je remarque qu'il saisit à plusieurs reprises les candélabres éclairés qui sont sur l'autel ; il y en a un à deux branches, un autre à trois branches et il les entrecroise en bénissant la multitude.

On m'a expliqué que les deux branches signifient les deux natures de Jésus-Christ, et que les trois branches rappellent les personnes de la Sainte Trinité dont l'unité est figurée ainsi par la réunion symbolique de ces cinq cierges allumés.

L'Évangile est chanté par le diacre, qui se tourne du côté des assistants, et ensuite le célébrant commence une quantité d'oraisons mélangées de répons récités tantôt par le diacre et tantôt par le chœur.

J'entends revenir constamment le cri de supplication ardente : Kyrie eleison, et Paraskou kyrie, qui veut dire : Exauce, Seigneur.

Après cette longue série de prières, l'officiant vient à l'autel de la prothèse, où, avec respect, il prend « les Saints Dons », les dépose sur le maître-autel et les recouvre du voile après une procession solennelle avec les espèces non consacrées.

Les secrètes, correspondant au rite latin, suivent cet hommage, et le prêtre, après trois prosternations, enlève le voile du calice et de la patène et récite le symbole de Nicée, qui n'est jamais chanté, ainsi que la Préface.

Le Sanctus précède le Canon, identique au nôtre, mais les prières en sont très courtes. Les paroles de la consécration se prononcent à haute voix et les trois prêtres, inclinés sur l'autel, consacrent ensemble.

Le chœur répond après chaque consécration : « Amine », c'est-à-dire : c'est ce que nous croyons.

L'élévation simultanée de la patène et du calice n'a lieu qu'après les deux consécrations, et ce moment du Saint-Sacrifice me paraît encore plus touchant que dans notre rite latin.

Les mémoires des vivants et des morts ont lieu maintenant, ainsi que deux longues séries de prières qui se terminent par l'Oraison Dominicale, laquelle, ainsi que l'*Agnus Dei*, n'est jamais chantée. La communion se donne encore chez les Grecs sous les deux espèces, comme elle se pratiquait en Occident parmi les Latins jusqu'au xiie siècle.

Le prêtre bénit les fidèles avec le calice, qu'il dépose ensuite sur un petit autel à droite.

De retour au maître-autel, il chante les prières d'actions de grâces qui correspondent à notre Post-communion. Une solennelle bénédiction, qui me rappelle la bénédiction pontificale par sa majestueuse ampleur, nous est donnée en invoquant le nom du Sauveur, de la Vierge Marie, des Apôtres, du patron de l'église, du saint du jour et de saint Jean Chrysostome.

Le dernier évangile est remplacé par le *Nunc dimittis*, le sublime cantique du vieillard Siméon.

Nous sommes tous subjugués par la beauté de cet office, qui est accompli avec tant de pompe et de piété, alliées à tant de simplicité austère et de vénération respectable en cette sainte et illustre demeure.

Le Père M. L. me demande de quêter pour les œuvres de ces catholiques dont les membres sont si attachés à la France, qu'ils aiment comme une seconde patrie. Leurs hospices, séminaires, orphelinats, sont multiples et très intéressants. M⁶ʳ Mallouc, en recevant ma recette, me bénit paternellement. Sa Grandeur, qui s'exprime correctement en français, me remercie très aimablement et me promet un souvenir dans ses prières.

Je quitte la maison de sainte Véronique assez tard et je m'arrête dans le couvent de Saint-Sauveur, afin de demander aux Pères Franciscains la décoration de Terre-Sainte que le Saint-Père a créée pour les pèlerins de Jérusalem. H. héritera de ma croix de bronze tandis que moi, en qualité de récidiviste, j'ai droit à celle d'argent.

Je parcours un coin de cet immense établissement dans lequel des ouvriers construisent encore de nouveaux bâtiments.

Les ateliers de reliure et d'imprimerie sont particulièrement captivants, les typographes ne disposant pas leurs casses comme en France. La composition arabe est d'une complication extraordinaire à cause du nombre presque illimité de caractères ayant entre eux une grande ressemblance.

Un moulin à vapeur produit le son, la farine, la recoupe, etc. et met en mouvement une fabrique de semoules et de macaronis.

A 3 heures, le Père A. et moi, nous conduisons en voiture mon amie Cl. au Mont des Oliviers ; nous prions dans la chapelle et le cloître du Pater, et grâce à un backchich nous entrons dans la mosquée de l'Ascension, baisant avec bonheur le rocher qui porte encore la divine empreinte.

L'horizon est un peu obscurci du côté de la mer Morte par les flots de poussière que soulève un vent impétueux et désagréable.

Nous redescendons à Jérusalem par les grottes de Jérémie, sépulcres juifs très curieux, et après un court arrêt à Gethsémani, nous allons jusqu'à Béthanie, Sainte-Anne et à l'Ecce Homo, avant de rentrer à l'hôtellerie.

Le facteur vient d'apporter un volumineux courrier de France sur lequel je me précipite. Voilà vingt-cinq jours que nous avons quitté les nôtres et c'est la seconde fois que nous recevons de leurs nouvelles. Espérons que Dieu nous gardera tous en bonne santé les uns pour les autres.

A 8 heures les premières voitures des Jordaniens sont signalées. Le cœur battant, je m'empresse près du perron, où je rencontre MM^{mes} de Ch. et de Pr. à qui j'avais confié H. — A mes questions anxieuses, elles me racontent tristement que ma sœur a été souffrante à la mer Morte et à Jéricho, mais qu'elle est mieux maintenant et que la Sœur Camomille la ramène dans sa voiture.

Angoissée, émue, j'attends, et toujours d'autres équipages que celui que je désire stationnent devant la porte. Enfin la bienheureuse calèche paraît à l'horizon et H. descend, toute fiévreuse, pâlie et maigrie en 24 heures « Diète et repos absolus la guériront, » me dit la Sœur. Comme un Cerbère, je ne vais plus la quitter et j'empêcherai tous les visiteurs importuns de stationner dans notre cellule.

A cette heure je suis accablée de nous sentir si loin de nos parents.

Enfin ma petite malade a l'air de s'endormir paisiblement, et je veux avoir confiance en Dieu qui nous aidera dans ces moments d'inquiétudes et de grandes émotions.

C'est la vue d'un prêtre se noyant à moitié dans le Jourdain qui a bouleversé absolument H. et a été la cause de cette violente indisposition.

MERCREDI, 27 MAI. — Ce matin la fièvre est tombée et la nuit a été bonne.

Je vais à la messe dans l'église de Notre-Dame de France remercier la Sainte Vierge de sa maternelle protection que je la prie de nous continuer.

La Sœur permet à H. de se lever à midi, et lui recommande de tenir compagnie à Cl. à Saint-Louis.

Chacun s'informe avec sollicitude de ma malade, et le Père A. est consterné d'apprendre que cette belle excursion a eu des suites si fâcheuses.

Le Père M. L. rentre de Saint-Sauveur où se réunissait le pèlerinage ; il vient de faire le chemin de la Croix sur la Voie douloureuse à l'intention d'H. et il est heureux que ses prières paraissent sitôt exaucées.

A 3 h. 1/2, le landau le plus confortable de Jérusalem, la voiture de gala « qui n'est pas tracassière » nous emmène dans la direction de Saint-Jean in Montana.

Cl. et H., les plus jeunes et les plus fragiles, se prélassent dans le fond, sur les coussins de reps... qui ont été blancs un jour, il y a bien longtemps. Notre cocher a des tendances à la douceur commandée dans laquelle je tâche de le maintenir, car il faut une heure pour atteindre le village de la Visitation de la Sainte Vierge. Au départ, la route se confond avec celle de Jaffa, puis oblique à l'Ouest, au bout de 3 kilomètres.

Nous traversons les consulats et la nouvelle colonie juive, avant la campagne qui est aride et pierreuse ; un véritable océan de rochers désolés nous environne gravissant le col d'où l'on découvre la ravissante vallée d'Aïn-Karim : l'aspect change là soudainement, la vue s'étend jusqu'à la mer, franchissant une série de croupes, et l'œil se repose avec délices au pied de la montagne sur le vallon verdoyant qui fait, de Saint-Jean, le plus gracieux village de la Palestine.

Il compte 1 200 habitants, presque tous musulmans, groupés autour du couvent franciscain de la Nativité de saint Jean.

Voici donc la ville de Juda vers laquelle Marie s'en alla en toute hâte après l'Annonciation.

La route carrossable cesse et pendant que nous continuons pédestrement par un sentier muletier vers le sanctuaire de la Visitation, H. et Cl. vont se reposer et nous attendre à la Casa Nuova.

Une source abondante, appelée Fontaine de la Vierge en souvenir du séjour de Marie, arrose ce coin de terre planté d'oliviers, de vignes, de fleurs et de légumes.

Un petit Arabe nous conduit, Ant. et moi, en 15 minutes, sur le flanc de la colline en face d'Aïn-Karim, dans une chapelle très petite et de forme irrégulière, bâtie en 1860 par les Franciscains sur l'emplacement de la maison de campagne de Zacharie, qui aurait été le théâtre de la Visitation. Nous nous agenouillons seules toutes deux sur ce terrain sacré où la Vierge, inspirée par l'Esprit-Saint, répondit à sa cousine Élisabeth, la mère de Jean, qui lui demandait « d'où lui venait ce bonheur que la mère de son Seigneur vint vers elle ? » par le cantique immortel d'actions de grâces du Magnificat.

« Oui, mon âme glorifie le Seigneur, et mon esprit est ravi de joie en Dieu mon Sauveur. »

En redisant après tant de générations les paroles que l'Évangile de saint Luc nous a fidèlement transmises, nous sommes pénétrées de reconnaissance envers Dieu qui nous permet de chanter ici, « que Marie est appelée Bienheureuse dans la suite de tous les siècles, parce que le Tout-Puissant a fait en Elle de grandes choses ! »

Quelle pieuse consolation et quel doux souvenir d'avoir récité à Nazareth l'*Ave Maria* et ici le *Magnificat*. Un Franciscain nous montre maintenant un fragment de rocher qui se serait entr'ouvert pour cacher Jean-Baptiste déposé là par sa mère fuyant les soldats d'Hérode.

La forme de berceau est assez accentuée pour donner créance à cette ancienne tradition, qui témoigne ainsi ingénument que la pierre a été moins dure à attendrir que le cœur du tyran. Nous montons ensuite jusque sur la terrasse au-dessus de l'Église, d'où la vue est délicieuse sur le vallon et la colline.

Le soleil décline à l'horizon et adoucit les contours un peu rudes des monts de Judée.

Le clocher élancé du sanctuaire nous rappelle beaucoup de souvenirs doux et charmants dans leur grâce empreinte de mysticisme : la promesse du précurseur, le mutisme subit de Zacharie incrédule, la visite et le séjour de trois mois de Marie, enfin la naissance du plus grand des enfants des hommes, son nom écrit par le père recouvrant alors la parole et célébrant le Très-Haut dans la prière inspirée du *Benedictus* ; voilà assez de raisons pour nous aider à trouver digne d'envie cette résidence calme et patriarcale.

Nous constatons les traces très nettes de l'abside d'une Église remontant aux croisades, et nous emportons un sentiment de joie très profonde d'avoir pu prier ici.

Nous grimpons au travers des béguinages roses et blancs qui couvrent la pente du jardin jusqu'à une Église russe, remplie exclusivement de femmes. Elles chantent leur office avec dévotion, et leurs voix grêles et nasillardes remplissent la petite nef où flotte un parfum d'encens dans un nuage de poussière dorée par le soleil filtrant à travers les vitraux.

Nous redescendons maintenant pour monter dans le dédale des rues tortueuses du village jusqu'à l'église de Saint-Jean dont le clocher roman est notre signe de ralliement.

On montre dans la nef gauche la grotte où serait né le Précurseur ; le pavé de l'antique édifice est de sept marches en dessous du niveau actuel. On voit, enchâssés dans le mur de cette crypte, cinq jolis bas-reliefs en marbre blanc qui représentent la vie du saint, que j'invoque tout spécialement pour l'un de mes frères dont il est le patron.

Les Pères Franciscains font tous les jours une procession dans le sanctuaire en chantant des litanies et nous nous joignons à eux avec satisfaction.

Il paraît que cette église servit d'écurie aux Arabes jusqu'à ce que le marquis de Nointel, ambassadeur de Louis XIV auprès de la Porte, eût obtenu qu'on la rendît aux Franciscains.

Le maître-autel est dédié à Zacharie et, près de l'orgue, un beau tableau attribué à Murillo représente saint Jean dans le désert.

Après la récitation du cantique prophétique de Zacharie, en l'honneur de celui qui allait préparer les voies et avec lequel « nous bénissons le Seigneur qui a visité et racheté son peuple », nous entrons dans le couvent, semblable à une forteresse, et nous rejoignons nos amies sous une tonnelle de jasmins.

Plusieurs vaillants sont allés visiter l'orphelinat des Dames de Sion établi à côté du tombeau de leur fondateur, le Père Marie Ratisbonne, ce juif miraculeusement converti par une apparition de la Sainte Vierge à Rome dans l'église Saint-André delle Fratte.

Les bons Pères nous accueillent aimablement et

nous sommes fort gaies à leur petite collation prise avant de remonter en voiture pour Jérusalem.

Nous gardons un souvenir exquis de cette vision reposante d'Aïn-Karim, et nous éprouverons toujours une joie très réelle à y revenir, ne serait-ce qu'en pensée.

JEUDI, 28 MAI. — Nuit parfaite dont je remercie la Providence. H. est décidément mieux, mais sur les injonctions de la Sœur Camomille, je continue à faire le dragon qui garde un trésor.

Aujourd'hui chacun organise les excursions de son choix. Il y a des groupes qui vont à Hébron, d'autres à Emmaüs, à Abou-Goch; une douzaine d'amazones et de cavaliers intrépides sont partis avec le soleil pour Mar-Saba.

Sollicitées en vain par tous, nous restons sagement à Jérusalem, allant prier au Saint-Sépulcre et visiter quelques boutiques.

A 3 heures nous montons en voiture pour servir le repas traditionnel aux Lépreux et faire le tour de la vallée de Josaphat.

Nous partons par l'Ouest, contournant la base du mont Sion. Quelques beaux oliviers poussent au fond de cette gorge, appelée la vallée de Hinnom, qui va rejoindre le torrent du Cédron à la fontaine de Rogel où nous attendent les lépreux.

Le mont du Mauvais-Conseil élève sa cime

arrondie au-dessus de notre tête : c'est là, en face de nous, que se trouvait la statue de Moloch entre les bras de laquelle Manassès et Achaz faisaient brûler des enfants. C'est un lieu maudit appelé la Géhenne ; Notre-Seigneur en parle dans l'Évangile sous la figure de l'Enfer.

Les flancs de la montagne sont percés de grottes sépulcrales ornées d'inscriptions et remontant à une haute antiquité. Elles ont été habitées aux premiers siècles de notre ère par de pieux anachorètes. Les Grecs schismatiques se sont emparés de la principale, qu'ils appellent grotte de Saint-Onuphre, et ils y ont construit un petit couvent sur une nécropole. L'entrée du monument est décorée d'une belle frise dorique avec rosaces et fleurons, et les parois du vestibule gardent encore les restes d'une vieille peinture byzantine. De nombreux loculi sont pleins d'ossements et je me sens attristée de penser que les cendres de braves chevaliers, défenseurs du Saint-Sépulcre, sont devenues l'objet de la curiosité publique et exposées à des vicissitudes incroyables.

Le champ du potier, Haceldama, acheté avec les trente deniers de la trahison de Judas, est situé un peu plus haut que le couvent grec, il est fortement argileux et à demi caché sous le dôme argenté des oliviers. Sainte Hélène fit transporter à Rome dans la basilique de Sainte-Croix une grande quantité de cette terre et les Pisans ont imité cet exemple pour leur Campo Santo.

Les voitures ne peuvent continuer dans cette route que le torrent remplace. Nous ne sommes pas très éloignés de Bir-Eyoub et nous apercevons les cornettes blanches des Sœurs de Charité qui soignent les malheureux lépreux, repoussés par tout le monde. Le gouvernement turc leur a défendu l'accès de la ville et leur a octroyé les misérables cases en pisé qui s'élèvent au-dessus de la vallée du Feu. Les moins invalides sont rassemblés autour de la fontaine de Rogel, Bir-Eyoub, Puits de Job ou de Néhémie.

C'est une construction assez curieuse; l'eau se trouve à 30 mètres de profondeur, et une procession ininterrompue d'ânes et de moukres vient y remplir les outres en peau de bouc. C'est la boisson la plus réputée du pays et on nous assure que cette source est intarissable.

On croit que les Israélites avant de partir pour la captivité y cachèrent le feu sacré du temple; au retour de Babylone, les prêtres ne trouvèrent plus qu'une eau boueuse, mais Néhémie ordonna d'asperger avec ce limon le bois et les victimes du sacrifice qui s'enflammèrent aussitôt. Cet éclatant prodige lui fit donner le nom de Nephtar, Purification, mais on l'appelle ordinairement Puits de Néhémie.

Les musulmans le bouchèrent à l'époque des Croisades ; mais en 1185, lors d'une grande sécheresse, un habitant bienfaisant, ayant appris qu'il se trouvait sous terre un puits creusé par Job, le fit rechercher, et c'est pourquoi la fontaine de Rogel est encore connue sous la rubrique : Puits de Job, Bir-Eyoub.

Une quarantaine de lépreux sont accroupis à l'ombre projetée par la muraille : hommes, femmes, enfants, tous bien pitoyables avec leurs faces terreuses et ravagées par l'épouvantable maladie, héréditaire et incurable ; les plus jeunes sont indemnes jusqu'à l'âge de douze ou quinze ans et ensuite ils sont infailliblement atteints, généralement à la figure pour débuter. La peau devient rouge, les membres enflent, des tubercules y apparaissent et déterminent des tumeurs et des ulcères affreux qui se cicatrisent et s'ouvrent alternativement. La chair se putréfie peu à peu, les organes s'affaiblissent et disparaissent souvent complètement. La saleté et la pauvreté dans lesquelles croupissent les lépreux doivent sûrement augmenter leurs souffrances : seules les Sœurs de Charité viennent deux fois par semaine panser ces malheureux qui sont tous musulmans, mais très résignés dans les tortures qu'ils acceptent avec le fatalisme ordinaire des Orientaux. Il y a deux ans j'avais visité les demeures qu'ils occupent à Siloé : un lépreux, véritable loque humaine, agonisait sur un tas de chiffons posé sur le sol nu. La lèpre avait détruit tous ses membres, l'infortuné frissonnait de fièvre, et sa femme, lépreuse comme lui, essayait de le faire boire dans une grossière écuelle. Les pourceaux sont mieux logés qu'eux...

Aujourd'hui ils sont rayonnants. Leurs immenses plats attendent, posés à terre devant eux, le festin que les Francs ne manquent jamais de leur offrir.

Quatre jeunes filles, parmi lesquelles H., ont fait la quête et acquis ainsi le privilège de servir les malades.

Le contact étant l'agent habituel de transmission, on les enveloppe dans un vaste tablier blanc ; puis armées d'une gigantesque cuiller, elles puisent dans un énorme chaudron où fume un rata, tel que ces pauvres gens n'en mangent qu'une fois par an. La viande, les pommes de terre, la sauce, les concombres crus et cuits, régal du pays, les tranches de courge, le pain et même des gâteaux, s'amalgament en un heureux mélange dans leur unique récipient. On leur donne du tabac à fumer et à priser, du sucre ; mais le café en grains est confié au « Roi des lépreux. » C'est le plus âgé d'entre eux, une espèce de cheik qui les gouverne et partage très équitablement le gain journalier mis en commun. Il n'y a jamais de disputes parmi eux, ces infortunés craindraient par une dissimulation, compréhensible cependant, d'attirer sur eux en punition un redoublement de leurs souffrances.

La plus solennelle distribution est celle des chemises ; chaque lépreux en reçoit une neuve qu'il gardera soigneusement sur lui jusqu'au prochain pèlerinage. Quel supplice !...

Le soleil commence à baisser ; quelques-uns d'entre nous montent à l'établissement des lépreux pour servir les plus malades qui n'ont pu se traîner jusqu'à la fontaine et les autres repartent en voiture.

Le banquet a pris fin.

Après avoir vu de près cette misère et cette douleur, je regrette que Notre-Seigneur ne soit plus là pour dire : « Je le veux, sois guéri. » Comme Il le faisait si simplement quand Il parcourait avec ses disciples les routes de Judée et de Galilée ! Hélas ! peu se montraient reconnaissants, un seul revint sur ses pas pour L'adorer, nous apprend l'Évangile. Si le divin guérisseur de l'humanité réapparaissait, en serait-il de même aujourd'hui, pour nous qui Le prions avec tant d'ardeur quand une catastrophe nous menace, mais qui oublions trop souvent de Le remercier quand sa clémence l'a écartée de notre route ?

Il y a tant de lépreux de tout genre, et si peu de vrais désirs de guérison !

Tous ces pauvres gens semblaient heureux quand nous leur donnions un faible adoucissement. Que serait-ce pour celui qui leur procurerait le bien-être complet? Il faut côtoyer ces abîmes de souffrances pour remercier encore plus tendrement la Providence de nous avoir donné un esprit sain dans un corps sain.

Pendant ces réflexions qui me hantaient ce soir obstinément, nous étions arrivées au bas des maisons de Siloé. Elles sont collées à la montagne, dont elles ont revêtu la même couleur sombre. Les habitants ont la réputation de se livrer au vol et d'être des descendants de ces bédouins pillards qui chassèrent, pour s'y installer à leur place, les paisibles solitaires qui peuplaient les grottes funéraires de la colline.

En face de Siloé les fouilles de Mr Bliss ont fait découvrir une église à trois nefs bâtie par Justinien, près de la piscine de Siloé ou d'Ézéchias, célèbre par la guérison de l'aveugle-né.

Quelques colonnes tronquées jonchent le sol et un amas de boue fétide marque l'emplacement de la piscine.

Dans le voisinage, on nous montre un antique mûrier qui pousse sur le lieu du martyre d'Isaïe, le prophète coupé en deux avec une scie de bois par l'ordre de Manassès.

300 mètres plus haut nous arrivons à la fontaine de la Vierge. On désigne ainsi la source de Gihon où Salomon fut sacré pendant que son frère Adonias,

révolté contre David, se faisait proclamer roi à la fontaine de Rogel.

Ezéchias creusa sous l'Ophel un canal de 540 mètres pour en amener les eaux dans le réservoir qu'il avait bâti à l'occident de la Cité, et que nous avons admiré il y a quelques jours sous la rubrique de Hammam-El-Batrak.

C'est la seule source vive qui existe à Jérusalem ; Tacite et Josèphe en parlent comme d'une eau perpétuelle. Actuellement elle jaillit à l'intérieur d'une excavation profonde de 8 mètres, à laquelle on accède par un escalier de trente marches, et son nom de fontaine de la Vierge vient d'une légende datant du xve siècle, d'après laquelle Marie aurait lavé ici les langes de Jésus et y aurait puisé de l'eau.

En continuant à marcher dans le lit caillouteux et profondément encaissé du Cédron, nous voyons bientôt le tombeau de saint Jacques, situé en face de l'angle Sud-Est de la plate-forme du Temple.

C'est un portique ouvert à l'Ouest avec un plafond supporté par deux colonnes doriques surmontées d'une frise de même style. Il y a plusieurs salles à l'intérieur, avec des enfoncements pour des cercueils, et des fresques à demi effacées, restes d'une chapelle, ornent les murs du vestibule.

La tradition veut que saint Jacques se soit caché là depuis l'arrestation de Jésus jusqu'au matin de la Résurrection.

Un passage conduit à droite dans un monument sépulcral appelé le Tombeau de Zacharie ; c'est un magnifique cube monolithe avec des colonnes et des chapiteaux ioniques sur chaque face, tandis que l'architrave, la corniche et la pyramide sont égyptiennes.

De quel Zacharie s'agit-il ? Est-ce du grand-prêtre qui éleva Joas et qui fut lapidé pour l'avoir repris courageusement de ses égarements, ou bien est-ce du fils de Baruch dont parle Notre-Seigneur ? Mystère. Il est seulement sûr que ni l'un ni l'autre n'ont reposé dans ce mausolée.

Quelques pas plus loin nous admirons le tombeau de Josaphat, qui a donné son nom à la vallée, et celui d'Absalon.

Le premier, placé en retrait, possède quelques rinceaux élégants comme décoration du tympan qui abrite les cinq chambres sépulcrales, mais le monument d'Absalon est le plus curieux de tous et les Arabes l'appellent le Bonnet de Pharaon.

La partie supérieure est formée par un pyramidion circulaire surmonté d'un calice plein de palmes ; la partie inférieure offre un bel assemblage de trois ordres d'architecture. Les colonnes engagées dans la face et leurs chapiteaux sont ioniques, et au-dessus on voit une frise dorique couronnée elle-même d'une corniche égyptienne. Ce bloc monolithe, découvert et exploré par mon oncle de Saulcy, le savant palestinologue membre de l'Institut, est détaché du rocher par un couloir large de 3 mètres et l'édifice entier est haut de 14 mètres au-dessus des décombres qui obstruent l'entrée. En souvenir d'Absalon et de sa désobéissance envers son père, les Juifs ont coutume de jeter des pierres contre ce monument, et nous les imitons aujourd'hui.

Les tombeaux nous enveloppent ici de toute part et cette nécropole ne ressemble en rien aux vastes champs du repos, couverts de fleurs et parés d'arbres verts auxquels nous sommes habitués dans notre Occident. L'aridité s'est emparée de cette terre et y imprime une marque encore plus dure de désolation. A droite s'étalent les pierres tumulaires des Juifs tandis qu'à gauche les tombes des musulmans sont pressées les unes contre les autres.

Aucun signe religieux ne décore ces stèles blanches et l'absence de symbole élevé ajoute quelque chose de navrant à la dévastation dont ce coin est l'image parfaite.

Nous franchissons le pont inférieur du Cédron, pour rejoindre à Gethsémani la route de Jéricho.

La tradition, qui paraît authentique, nous apprend que Notre-Seigneur a passé ici après son arrestation au Jardin des oliviers lorsque les soldats le conduisaient à la maison de Caïphe.

C'est logique puisque c'est la route la plus courte pour aller au mont Sion, mais ce grand souvenir de la Passion, évoqué maintenant, augmente l'aspect tragique de ces lieux.

En murmurant une prière, nous baisons le rocher sur lequel se voit la trace de la main divine, imprimée dans le granit. Poussé par la foule haineuse, Jésus tomba dans le torrent et chercha à se retenir contre la pierre plus douce que ses féroces bourreaux !

Les prophéties ont reçu là un nouvel accomplissement; il y avait de l'eau en cet endroit et David n'avait-il pas dit en parlant du Christ : *De torrente in via bibet?*

Cette gorge est des plus sauvages et nous avons hâte d'en sortir; je trouve qu'on y sent un souffle avant-coureur du jugement dernier, qui aura ces mêmes roches pour témoins ; et je me figure sans peine l'épouvante qui régnera ici quand retentiront les trompettes célestes et que toutes ces pierres se soulèveront pour laisser passer ceux qu'elles abritaient. — Cette vallée de Josaphat est « le carrefour du trépas »; des cimetières sinistres y entourent le pèlerin; à perte de vue s'étendent des tumulus, des monolithes, des trous béants, des mausolées éboulés, de la cendre millénaire couvrant tout de son linceul gris; il n'y a pas même une ombre, et partout, la mort éblouie de soleil.

Enfin voici le tombeau de la Vierge et nous respirons avant de nous joindre à un petit groupe qui va faire le Chemin de la Croix. Nous prions pour la France qui s'enlise de plus en plus dans la voie de la persécution; mais nous avons confiance que la résurrection suivra de près ces pénibles étapes dans notre pays, où se trouvent toujours des chrétiens fidèles et fiers de monter au Golgotha à la suite de leur Maître.

A Notre-Dame de France, nous dinons dans le réfectoire métamorphosé, orné de drapeaux et de bannières, brillant de lampes électriques ; à la place d'honneur le buste du Père Bailly, qui a conduit vingt-et-un pèlerinages, préside la fête du Jubilé. On est gai, et cependant les heures qui nous restent à vivre à Jérusalem sont comptées.

Au dessert, une charmante poésie, composée par Frère I., nous est lue par un de ses collègues.

Le titre seul est une consolation :

ESPOIR

A l'heure où dans la tour notre cloche bavarde
Rêva, pour mieux chanter, d'être la Savoyarde,
C'est un mot triomphal qui dans l'air s'envola,
Et la chanson du vent vous le murmure encore
Dans les plis frissonnants du drapeau tricolore,
Ce cri, qui, de nos cœurs, jaillissait : « Les voilà ! »

Les voilà ! Cri d'amour aux pèlerins de France.
Vous voilà ! Chant d'espoir pour nos cœurs en souffrance
Vous redire à l'instant où de sombres tableaux
Dépeignent l'avenir comme un troublant fantôme,
C'est donner au blessé le remède et le baume,
C'est lui rendre la vie au plus saint des tombeaux.

Au soir d'un mauvais jour, le laboureur morose
Retrouve sa gaieté quand un nuage rose
S'étend comme un tapis sous le soleil couchant ;
Il peut prophétiser un lendemain splendide,
Son inoubliable espoir en notre âme réside :
Vous êtes d'un beau jour le symbole touchant !

Messagers précurseurs d'un avenir suave,
Laissez-moi vous bénir, phalange sainte et brave,
D'être venus revoir nos sublimes sommets...
Car vous ne pourrez plus, où Dieu daigna remettre
Le plus noir des forfaits que l'homme peut commettre,
          De rien désespérer jamais !

Nous lui devons sans doute une écrasante dette,
Mais la Mère de Dieu, nous a dit Bernadette,
          A pitié de tous les souffrants.
Marie aime la France, et son cœur nous engage
A voir en cet amour, et la preuve et le gage
          Que le Christ aime encor les Francs.

Sur le rocher désert où la Vierge l'invite,
Quinze fois attirée, une enfant la visite,
Et Marie en retour la comble de ses dons.
Près du rocher sanglant où Jésus-Christ succombe,
Vous êtes, vingt-cinq fois, venus baiser sa tombe,
          Vous méritez tous les pardons.

Trop tôt l'impiété chanta votre défaite ;
Demain, soldats du Christ, l'hymne de la conquête
Proclamera bien haut son glorieux succès...
Ah ! frissonne d'espoir, ô France désolée,
Car vingt-cinq fois déjà, de son saint mausolée,
          Le Christ a béni les Français.

Espoir ! C'est le grand mot qui jaillit de sa tombe,
Que le guerrier vainqueur ou le héros qui tombe
Aiment à murmurer sous leur noble étendard ;
C'est le cri de rappel qui gagne les batailles,
C'est l'ultime leçon qu'après ses funérailles
    Vous dit encor François Picard.

Picard ! que n'est-il là pour présider la fête,
Pour doubler notre joie et la rendre complète.
Picard fut votre premier chef ! Avant de repartir,
Partagez avec lui votre gloire superbe,
Unissez sur sa tombe en ravissante gerbe
Les lauriers du héros aux palmes du martyr.

Près de son général un guerrier magnanime
S'ensevelit joyeux dans un trépas sublime.
Auprès du glorieux captif du Vatican,
Que la mort n'ose pas effleurer de son aile,
Comme si sa vieillesse allait être éternelle,
Du pape, pour mourir, Picard choisit le camp.

Et mort, comme Celui qui mourut au Calvaire,
Il pardonna de même à l'inique adversaire,
Mais aux vrais fils de France, il a dit d'espérer
Et de réaliser la devise énergique
De ces vaillants enfants de la noble Belgique
Que nous sommes ici joyeux de rencontrer.

Espoir ! Après les jours de lutte et de souffrance
Triomphera l'Église et revivra la France.
A sa gloire assombrie on doit encor l'honneur,
Comme à l'Eucharistie, en la poudre tombée,
On doit le même amour qu'à l'Hostie exposée,
Honneur et gloire aux Francs, les héros du Seigneur !

Le Père Germer-Durand fait parler sa muse qui nous dépeint admirablement la Terre-Sainte et ses attirances pour ceux qui suivent les pas de Jésus.

Malgré son âge, sa voix vibrante pénètre dans tous les coins du réfectoire et surtout dans nos cœurs qui aimeront à se bercer au rythme de ces harmonieuses strophes :

LA TERRE-SAINTE

Elle est bien déchue aujourd'hui,
Elle est morne, la Terre-Sainte.
Le vent y souffle une complainte
Qui, dans notre âme, se traduit
Par les accents de Jérémie,
Et la gaité n'y chante mie.
Partout des sépulcres béants
Où se cachent des chats-huants
Ou bien la vipère ennemie...
        Et malgré cela,
Ce pays je l'aime quand même !
C'est le pays où Dieu se révéla,
C'est la Montagne où Dieu nous parla,
C'est le Calvaire où s'immola
        Celui que j'aime !

Torrents secs, rochers durs et gris,
Arbres rares, pauvres collines
Où le carrier creuse des mines,
Où le corbeau pousse des cris;

Vaches maigres, moutons sordides,
Puits desséchés, citernes vides...
Tristes champs de cailloux semés,
Paysans hâves, mal famés,
Et d'aumônes toujours avides...
            Et malgré cela,
Ce pays, je l'aime quand même !
C'est le pays où Dieu se révéla,
C'est la Montagne où Jésus nous parla,
C'est le Calvaire où s'immola
            Celui que j'aime !

D'ailleurs, sur ce tableau de mort,
Le soleil jette sa magie.
Dans ce désert, il met la vie,
Sur ces ruines, il met de l'or,
Depuis le lever de l'aurore
Jusqu'au soir, il empourpre et dore
Les rochers, les champs, les coteaux ;
Il y fait chanter les oiseaux...
Et peu s'en faut qu'on ne l'adore !
            Et c'est pour cela
Que j'aime ce pays quand même !
C'est le pays où Dieu se révéla,
C'est la Montagne où Jésus nous parla,
C'est le Sépulcre-Saint d'où s'envola
            Celui que j'aime !

Pays sublime et dévasté,
Où l'aigle habite, où les colombes
Bâtissent leurs nids dans les combes !
L'homme vain est désenchanté,
Mais le chrétien y suit la trace
Du Dieu qui choisit cette place

Pour se rendre accessible à tous :
Verbe fait chair, aimable et doux…
Devant Lui, le reste s'efface,
    Et c'est pour cela
Que j'aime ce pays quand même !
C'est le pays où Dieu se révéla,
C'est la Montagne où Jésus nous parla,
C'est le Sépulcre-Saint d'où s'envola
    Celui que j'aime !

La musique vient maintenant se mêler à la fête. Une cantate composée par le Père D. est exécutée avec maîtrise par le chœur des jeunes religieux que nous avons déjà entendu plusieurs fois.

LE CHANT DU JUBILÉ

A la croix dans ta souffrance,
Garde foi, peuple de France.

I

Comme au temps de Godefroy,
De croisés francs, sans effroi,
C'est un noble défilé.
Nous fêtons leur Jubilé !

II

Joie au front, bannière au vent,
Bataillon toujours fervent,
Ils suivaient, la Croix au cœur,
L'ombre du drapeau vainqueur.

III

Au Saint-Lieu qui but son sang,
Dieu bénit leur flot puissant,
Flot que rien ne peut tarir
Comme Dieu ne peut mourir.

IV

Vois, ô Christ ressuscité,
Leur élan, leur piété.
Entends-les dire : « Je crois. »
Fais-nous vaincre par la Croix !

Voici le tour des toasts.

Le général du H. se lève, en qualité d'un des doyens du pèlerinage, dit-il. En quelques paroles émues, il remercie les directeurs du pèlerinage et ceux qui se dévouent à nous avec tant de bonté et d'amabilité. Il nous propose de réciter à l'instant même un *Pater* et un *Ave* à leur intention et il commande la manœuvre d'une voix de stentor comme il le faisait à la tête de son escadron : « Debout ! Tous ! »

Mʳ Ch., rédacteur de la *Croix de l'Isère*, prend la parole au nom des pèlerins, et dans un excellent petit discours où il rappelle les fondateurs de l'œuvre des pèlerinages de pénitence, il promet que notre reconnaissance se traduira par des actes et que nous deviendrons les apôtres de la Terre-Sainte. Il mentionne les trois jubilaires ici présents : le Père Germer-Durand, M͏ʳ de Piellat et sœur Joséphine qui a traversé vingt-cinq fois la Samarie et distribué la camomille avec générosité à plus de dix mille pèlerins.

Comment louer et remercier le Père E., supérieur de Notre-Dame de France, le Père A., économe précieux qui se fait loueur de voitures, facteur, marchand de timbres-poste, douanier, enregistreur de bagages, etc., et tous les aimables cicerone de nos promenades ?

Nous prenons rendez vous pour le L͏ᵉᵐᵉ (50ᵉ) pèlerinage.

La tribune est occupée par le supérieur des Passionistes, le Père Jean-Charles, qui doit rester à Jérusalem avec sa phalange de religieux chassés de France. Ce vénérable vieillard est M͏ʳ P. de L., ancien magistrat, entré dans les ordres en 1880 et dont une fille habite le Bordelais. C'est ensuite le curé de Malines, le chanoine V., qui parle au nom des trente-cinq Belges avec lesquels nous avons été si heureux de vivre.

Le Père M. L. remercie les divers orateurs et nous rappelle l'impression produite sur la population hiérosolymitaine par l'entrée des Mille en 1882.

Voyant leur foi et leur piété, les Turcs se mirent à dire : « Voilà des Francs qui savent encore prier. » Jusqu'à ce moment, seuls des touristes venaient inspecter les monuments sans songer à s'agenouiller au Tombeau du Christ.

Que d'œuvres fondées depuis lors et combien notre influence en a été décuplée. Que l'avenir ne nous inquiète donc plus et redisons la devise de nos aïeux : *Gesta Dei per Francos.*

Comme conclusion, une adresse est rédigée séance tenante au Père V. de P. Bailly et chacun s'empresse de la signer.

Le salut solennel nous réunit tous à la chapelle de Notre-Dame de France, pour la dernière fois, et un *Te Deum* d'actions de grâces est chanté devant le Saint-Sacrement exposé.

Nous emportons le souvenir de cette précieuse bénédiction reçue aux pieds de Marie, tous nos cœurs de pèlerins et de Français battaient à l'unisson et nos âmes catholiques étaient animées des mêmes espérances radieuses.

VENDREDI, 29 MAI. — C'est aujourd'hui que se célèbre pour nous la fête de la Pentecôte. Le Cénacle étant aux mains des infidèles, une grande tente est dressée dans le terrain des Assomptionistes, tout près de l'endroit de la Descente du Saint-Esprit et de l'Institution de l'Eucharistie.

.La grand'messe doit se chanter à 6 heures. Cette heure matinale est désignée à cause de l'exposition du mont Sion au levant; la chaleur devient vite

accablante et il ne ferait pas bon plus tard sous la
tente. Mon amie Cl. est assez solide pour pouvoir y
assister, ainsi que H., et c'est le cœur pénétré de
regret de ne pas avoir notre office dans le Cénacle
même que nous rejoignons la majeure partie du
pèlerinage.

L'autel principal s'élève au centre de la tente et
une légère balustrade dessine une enceinte circulaire,
le chœur, tout autour duquel prie l'assemblée, unie
dans une commune pensée.

Une dizaine de petits autels sont disséminés dans
cette salle immense, de sorte que tous les prêtres
qui le désirent peuvent célébrer ici.

Tombant à genoux, nous invoquons de notre
mieux l'Esprit-Saint, lui demandant la connaissance
et l'amour de la justice qu'il daigna communiquer
aux disciples rassemblés près d'ici, il y a environ
1870 ans, et qui transformèrent en apôtres éloquents
les timides pêcheurs du lac de Génésareth. Je suis
avec attention les prières liturgiques de la belle
messe de la Pentecôte, heureuse de me sentir
entourée de la prière de mes amies.

« L'Esprit du Seigneur a rempli le globe de la
terre », nous annonce triomphalement l'Introït. Qui
de nous n'a constaté la vérité de cette parole en
considérant, à la lumière de cette foi qui est la
nôtre, les événements qui se sont déroulés dans
l'univers depuis ce moment !

Le récit de la descente du Saint-Esprit, chanté à l'endroit même où se fit entendre le vent impétueux qui venait du ciel, accroît encore notre profonde émotion.

Si le miracle ne se renouvelle plus visiblement, du moins chacun de nous est appelé à raconter les merveilles de Dieu. C'est l'apostolat de la parole, de l'action, de la plume, auquel nous sommes tous conviés dans notre cercle plus ou moins restreint, surtout après la faveur d'un pèlerinage en Terre-Sainte. Nous récitons avec élan le *Veni sancte Spiritus*, en nous souvenant du beau jour de notre enfance, où nous avons reçu le Saint-Esprit avec l'abondance de ses grâces et de ses dons dans le sacrement de Confirmation qui nous rendait parfait chrétien.

Que de choses à demander à ce « Père des pauvres, distributeur des dons, lumière des cœurs, soutien le plus parfait, hôte bienfaisant de l'âme et son rafraîchissement le plus doux. Il sera notre repos dans le travail, notre soulagement dans les épreuves et notre consolation dans les larmes. Il nous purifiera, nous rendra fervents, guérira notre tiédeur et nous donnera ses sept dons sacrés et les joies de la vie éternelle. »

Il est impossible de formuler une prière plus complète que celle que l'Église met sur les lèvres de ses ministres. L'Évangile de saint Jean est le complément de cette prose superbe attribuée au grand pape Innocent III, œuvre d'enthousiasme et d'ineffable tendresse pour Celui qui vit et règne avec le Père et le Fils. Les desseins miséricordieux du souverain Seigneur sont maintenant dévoilés à nos yeux. Il ne demande qu'une chose, c'est que nous l'aimions.

Ce passage est tiré du sublime discours du Maître après la cène, monument demeuré de son amour pour l'humanité, où la promesse de la venue de Celui qui est esprit et vie nous fut faite solennellement. J'associe tous ceux qui me sont chers à cette fête inoubliable que j'ai le bonheur de célébrer ici pour la seconde fois. Tous les souvenirs dont cette terre a été le témoin se pressent dans ma pensée, mais celui de l'Institution de la Sainte-Eucharistie plane rayonnant au-dessus de tous les autres. C'est le don par excellence pour lequel notre reconnaissance doit monter plus vive, plus ardente que jamais, en ces jours bénis où nous en jouissons plus souvent.

Le Père M. L. trouve dans son discours palpitant des échos vibrants de tout ce que nous ressentons. Une fois de plus sa parole émue et communicative nous a tous subjugués.

La solennelle Consécration au Sacré-Cœur est prononcée devant le Saint-Sacrement exposé sur l'autel, d'où Notre-Seigneur daigne nous bénir après avoir reçu nos adorations et nos promesses.

Puissions-nous conserver de cette cérémonie le goût des choses divines et la résolution de contribuer selon nos forces à l'extension du règne de Dieu !

Toutes les communautés de Jérusalem sont accourues pour assister à la messe de la Pentecôte le plus près possible du Cénacle, car seul notre pèlerinage jouit de faveurs aussi étendues, et tous les catholiques sont très empressés d'en profiter. Après un frugal déjeuner servi sous une autre tente, nous repartons pour l'hôtellerie, non sans jeter un dernier coup d'œil sur ce célèbre mont Sion que nous ne reverrons plus cette année, puisque nous partons demain pour Jaffa.

Nous nous plongeons dans la confection très peu divertissante de nos malles, lesquelles une fois bouclées, sont descendues au rez-de-chaussée, pesées et camionnées jusqu'à bord de la Nef sans que nous ayons à nous en occuper.

A midi et demi, l'heure à laquelle seuls les Français et les chiens affrontent le soleil dans un pays où la sieste est en honneur, nous allons visiter l'intéressante reconstitution du Temple à travers les âges que le docteur Schick, un Allemand, a faite en travaillant patiemment d'après les livres de l'Ancien Testament.

Son habitation est sur la route de Jaffa, à 20 minutes de Notre-Dame de France, au-delà du quartier russe.

Ce savant, aidé de sa fille qui va nous donner toutes les explications désirables, a reproduit en diminutif, à une échelle donnée, les constructions

successives qui ont couvert le Haram-Ech-Chérif.
Nous examinons d'abord une réduction de la tente
des Tabernacles que les Hébreux transportèrent pendant quarante ans dans le désert, et qu'ils installèrent
sur le Moriah en attendant le Temple magnifique
que Salomon y édifia.

Tout est minutieusement et fidèlement sous nos
yeux : le Chandelier à sept branches, la Table et les
Pains de Proposition, l'Autel des Parfums et celui des
Holocaustes, l'Arche d'alliance, les triples tissus qui
formaient les parois et la toiture de la tente, etc.
On nous montre ensuite le Temple de Salomon
tel qu'il a existé jusqu'à la prise de Jérusalem par
Nabuchodonosor.

L'enceinte sacrée se divisait en quatre parties distinctes : 1° Au centre, la porte tournée vers l'Orient,
s'élevait le sanctuaire, dont les proportions ne dépas-
saient guère celles d'une église ordinaire : 31 mètres
sur 10 de large et 15 de haut ; 2° Une grande cour
bordée de portiques, le parvis des prêtres, l'entou-
rait à l'Est, au Nord et au Sud, où trois portes, percées dans chaque façade, ne devaient être franchies
que par les lévites ; 3° A un niveau inférieur à cette
première plate-forme, une cour plus vaste régnait
avec une rangée de portiques : c'était le Parvis d'Israël. On y accédait par trois portes correspondant
à celles qui donnaient passage aux prêtres ; 4° Un
espace libre, nommé parvis des Gentils, dans lequel

les païens pouvaient circuler à leur guise avec défense d'entrer dans le parvis d'Israël.

Le peuple assistait aux cérémonies et n'allait jamais dans le temple même. Celui-ci était divisé en trois parties : le vestibule, le saint et le saint des saints qui était l'endroit le plus sacré de l'édifice. Le grand-prêtre n'y pénétrait qu'une fois par an, seul, portant le sang des victimes expiatoires.

Le saint des saints formait un cube de 10 mètres de côté, complètement obscur, séparé du saint par un rideau de fine soie teinte aux couleurs de byssus, hyacinthe, pourpre et safran, symbolisant le feu, la terre, l'air et la mer, recouverte de riches broderies représentant des chérubins, des palmiers et des ornements empruntés au règne végétal. Il était suspendu à la voûte par des anneaux et des chaînes d'or. C'est ce voile qui se déchira miraculeusement du haut en bas au moment où le Christ rendit le dernier soupir.

L'arche d'alliance était au milieu de cet étroit sanctuaire, sur une table d'or. C'était un petit coffre en bois de cétin, de 1^{m}30 sur 0^{m}78 de largeur, contenant les deux tables de pierre données par le Seigneur à Moïse sur le Sinaï, la verge d'Aaron et de la manne du désert.

Le couvercle, appelé Propitiatoire, était orné à chaque extrémité d'un chérubin, de grandeur colossale, en bois d'olivier doré, avec deux paires d'ailes de 5 mètres d'envergure faisant dais au-dessus de l'arche.

Le saint était une vaste chambre rectangulaire, plafonnée en bois du Liban. L'autel des parfums, en cèdre plaqué d'or, se dressait en face du saint des saints. A droite et à gauche étaient rangés cinq candélabres à sept branches en forme d'éventail et portant des lampes à huile qui brûlaient jour et nuit.

Alternant avec les chandeliers, on voyait cinq tables d'or pour les pains de proposition, que l'on cuisait sans levain et que l'on renouvelait le jour du Sabbat. De nombreuses trompettes suspendues à ces tables servaient à convoquer les adorateurs de Jéhovah.

L'ornementation de ces deux parties du Temple était d'une richesse fabuleuse. Les parois étaient lambrissées de bois précieux et revêtues de plaques d'or et de bas-reliefs représentant des séraphins, des grenades, des feuillages capricieux.

Les jointures des portes et des parquets étaient cachées par de fines lamelles d'or, et la décoration était rehaussée par les tons vifs de ces applications de métal qui s'harmonisaient admirablement, dans le demi-jour du sanctuaire savamment éclairé, avec les couleurs sombres des luxueux tapis d'Orient.

Le vestibule du temple, précurseur du narthex de nos basiliques, n'avait que 5 mètres de profondeur sur 10 de largeur.

A droite et à gauche un escalier conduisait aux

trois étages de chambres où logeaient les prêtres.
L'importance du vestibule lui était donnée par les
pylônes ou tours phéniciennes, surmontés de créneaux et atteignant plus de 60 mètres de hauteur.
Avec la porte monumentale, ils formaient la majestueuse façade du Temple et n'étaient qu'une transformation des obélisques que l'on représente à l'entrée de tous les palais égyptiens.

Sur les côtés du perron qui montait au vestibule
se dressaient, vestige des propylées antiques, deux
énormes colonnes de bronze de 13 mètres de haut,
appelées Jakin et Boas, couronnées par des chapiteaux
et deux chapelets de grenades s'épanouissant en
fleurs de lis.

Au milieu du parvis des prêtres, s'élevait le massif autel des holocaustes avec quatre cornes que le
sacrificateur ne manquait pas d'asperger du sang
encore tiède des victimes. Revêtu de plaques de
bronze, il formait deux étages sur lesquels on brûlait
jour et nuit la chair des agneaux immolés matin et
soir ; cette partie était placée directement sur le
rocher de Moriah, qu'abrite aujourd'hui la coupole
de la Mosquée d'Omar.

Près de l'autel des holocaustes, se trouvait un
grand bassin connu sous le nom de mer d'Airain ou
mer fondue.

On appelait ainsi un de ces immenses réservoirs
qui se rencontraient dans l'atrium des temples sémi-

tiques, mais la spécialité de celui-ci était d'être en airain fondu et porté sur la croupe de douze bœufs plus grands que nature. Les bords du bassin étaient évasés en forme de coupe, et le bas était muni de robinets où l'on venait tirer l'eau nécessaire pour le culte.

Ce gigantesque récipient pouvait renfermer quatre cents hectolitres et était alimenté par l'eau des pluies et des citernes. Dix autres vasques mobiles servaient à transporter l'eau de la mer d'Airain sur les divers points où elle était utile. Elles se composaient d'un chariot à quatre roues sur lequel était posée une caisse carrée contenant une écuelle de sept à huit cents litres.

Dans la cour des prêtres, on voyait encore la salle du sel des sacrifices, celle des peaux des victimes, celle du Sanhédrin et celle des instruments de musique des lévites, les magasins de bois, le vestiaire, la coutellerie, etc.

Aux murailles des portiques étaient suspendus treize gazophylacia ou troncs destinés à recueillir les offrandes des fidèles. C'est sans doute dans un de ceux-là que la pauvre veuve, ayant déposé deux petites pièces de monnaie, ou quadrant, fut louée par Celui qui voit tous les renoncements intimes et les mérites les plus cachés, et qui nous a déclaré que cette femme avait donné plus que tous les autres, puisqu'elle s'était dépouillée de son nécessaire et que les pharisiens n'avaient cédé orgueilleusement qu'un peu de leur abondance.

Autour du portique extérieur il existait un grand espace vide devenu un véritable marché. On y vendait non seulement les victimes destinées au Temple, mais toutes sortes de marchandises; les changeurs avaient leurs tables dans cet enclos et l'usure y régna jusqu'au jour où, saintement indigné, Jésus s'arma d'un fouet et chassa ignominieusement tous ces spéculateurs en s'écriant avec véhémence : « Ma « maison est une maison de prières et vous en avez « fait une caverne de voleurs. »

Nous assistons successivement, grâce à une série de petits bâtiments en carton-pâte qui s'enlèvent et se remplacent avec rapidité, à la reconstruction du Temple par Zorobabel après le retour de la Captivité et à son agrandissement par Hérode. Dix-huit ans avant la naissance du Messie qu'il tentera de supprimer, l'Iduméen élargit et embellit les portiques et les dépendances, formant ainsi un majestueux ensemble qui rendait plus saisissante la prophétie du Christ annonçant qu'il n'en resterait pas « pierre sur pierre. »

On reconnaît à merveille l'emplacement de la tour Antonia et les substructions du nord de la plate-forme.

Après l'incendie allumé par les soldats de Titus, la dispersion du peuple déicide laisse l'Esplanade nue et désolée jusqu'à l'érection par Adrien d'un temple en l'honneur de Jupiter Capitolin, en face de la statue de cet empereur.

Mais depuis Constantin et la tentative infructueuse de Julien l'Apostat, le pied-à-terre de Dieu dans l'Ancien monde devint un véritable cloaque, jusqu'à l'arrivée des califes qui bâtirent la mosquée que nous voyons encore aujourd'hui.

Toutes ces transformations sont très bien traduites par les décors variés, s'emboîtant dans le même espace, et combinés de la manière la plus claire, la plus intelligible et la plus exacte. Je suis ravie d'être venue me rendre un compte parfait de ce que j'avais vu ou entendu raconter sur cette intéressante partie de la vie religieuse du peuple Juif.

Nous rentrons juste à temps pour suivre le Chemin de la Croix qui est solennellement prêché comme vendredi dernier sur la Voie Douloureuse.

Nous y prions spécialement pour un de nos pèlerins, M' M., qui est très gravement malade d'une pneumonie contractée au retour de Jéricho.

Au dîner, après la dernière apparition de la Croix lumineuse dans le fond du réfectoire, la voix émue de M' de Piellat entonne la poésie des « Adieux à Jérusalem » qui a été composée au premier pèlerinage par le Père Marie-Jules. Les pèlerins reprennent en chœur le refrain avec une touchante insistance :

I

Il faut partir!
Tel est le cri d'alarme.
Reçois, chère Sion, une dernière larme.
Il faut partir!
Tel est le cri d'alarme.
Sion, de tes grandeurs, je garde souvenir.

Encore une prière
En quittant le Saint-Lieu.
Plutôt que t'oublier s'éclipse la lumière.
Jérusalem, adieu! Jérusalem, adieu!

II

Il faut partir!
Au jardin solitaire
Où Jésus se plaisait à faire sa prière,
Il faut partir!
Au jardin solitaire
Reverrai-je la rose et l'olivier fleurir?

III

Il faut partir!
Adieu, grotte bénie,
Témoin de la sueur de sang de l'Agonie.
Il faut partir!
Adieu, grotte bénie,
Où l'on aime à verser les pleurs du repentir.

IV

Il faut partir!
O route douloureuse,
De pleurer sur ton sol, mon âme fut heureuse.
Il faut partir!
O route douloureuse,
Puis-je espérer, un jour, de nouveau te gravir?

V

Il faut partir!
Adieu, mont du Calvaire,
L'empreinte des baisers restera sur ta pierre.
Il faut partir!
Adieu, mont du Calvaire,
J'ai lu sur tes rochers l'amour d'un Dieu martyr.

VI

Il faut partir!
Sépulcre plein de gloire,
L'Alleluia sans fin célèbre ta victoire.
Il faut partir!
Sépulcre plein de gloire,
Ta poussière vaut mieux que l'or et le saphir.

VII

Il faut partir!
Mont de l'Eucharistie,
Sur ton sommet sacré, Jésus devint Hostie.
Il faut partir!
Mont de l'Eucharistie,
A ton Cénacle en deuil, un meilleur avenir.

VIII

Il faut partir!
Adieu, montagne sainte,
Où de son pied vainqueur, Jésus laissa l'empreinte.
Il faut partir!
Adieu, montagne sainte,
Sur tes sommets joyeux, j'aurais voulu mourir.

Encore une prière
En quittant le Saint-Lieu.
Plutôt que t'oublier s'éclipse la lumière.
Jérusalem, adieu! Jérusalem, adieu!

Nous disons au revoir plutôt qu'adieu, et tout tristes à la pensée de quitter cette terre bénie, nous nous acheminons vers Saint-Louis où, pour la dernière fois, le pèlerinage se réunit pour le salut solennel du Saint-Sacrement.

La chapelle de l'hôpital a reçu une décoration bien française, bleu et or; nous y prions pour les œuvres de la bonne Sœur Camomille dont c'est ici le domaine et auxquelles nous sommes heureux de contribuer.

En sortant, nous assistons dans le jardin à l'illumination de la gracieuse grotte de Lourdes : des lanternes vénitiennes, des lampions multicolores, des festons de lumière courent partout, accrochés dans les branches du splendide térébinthe et aux pointes de la grille. C'est véritablement féérique et les étoiles d'Orient elles-mêmes pâlissent de jalousie dans le ciel sombre.

Nous ne nous attardons guère, car la brise du soir est traîtresse et il ne faut pas risquer de prendre un refroidissement ou un accès de fièvre pour contempler cette fête délicieuse.

Nous rentrons à Notre-Dame de France pour passer sous son toit notre dernière nuit en Terre-Sainte, et tout le monde est gravement recueilli à cette pensée.

Nous serrons la main à un groupe assez nombreux qui partira à 7 h. 40 demain matin par le train réglementaire pour visiter Jaffa; mais H. et moi, ne voulant pas sacrifier une minute de notre temps si précieux, suivrons la fournée du « Spécial » de midi 1/2. C'est parfait de voyager comme des princes, et cela s'accorde à merveille avec nos désirs de dévotions, sans compter que nous ne perdrons pas notre journée à Jaffa, que nous parcourrons complètement avant de nous embarquer.

SAMEDI, 30 MAI. — L'aube du matin blanchit à peine le mont des Oliviers qu'il faut déjà nous lever! Il est 4 h. 40 et à 5 heures nous voulons être au Calvaire, où M. l'abbé D. va offrir le Saint-Sacrifice à nos intentions.

Au triple galop, nous courons toutes deux comme des flèches dans la direction du Saint-Sépulcre. A l'heure dite, un peu essoufflées, nous attendons à genoux notre aumônier.

Nous ne sommes pas les seuls à prier ce matin sur ce rocher témoin du salut du monde ; par un hasard providentiel, les Grecs se tiennent silencieux dans leur monastère. A notre aise, nous pouvons nous recueillir pendant cette messe célébrée pour nous à l'endroit où nous a été donnée la plus grande preuve de l'amour de Dieu.

Bethléem et le Calvaire restent pour moi les souvenirs les plus doux, les plus pénétrants de mon pèlerinage, enfermant ainsi dans un cycle complet la vie de notre Sauveur, venant au monde en lui donnant la paix et le quittant en lui octroyant le pardon, ces deux belles choses parmi les plus rares ici-bas et que le divin Maître a cherché à nous apprendre.

L'abbé D. célèbre à l'autel du Stabat et il me semble que c'est la Vierge de Douleurs qui, en nous associant aux mérites de son sacrifice, nous exhorte aussi à chercher près de son Fils un courage surnaturel pour les souffrances à venir. Nous suivons la messe de « La Compassion de la Sainte Vierge. »

En esprit, nous sommes aussi debout près de la Croix de Jésus, où étaient sa Mère avec Marie-Madeleine et saint Jean, et nous assistons à l'adoption solennelle que Marie fit à ce moment de tout le genre humain en acceptant le legs du Crucifié. « Voilà votre fils », « Voilà votre mère ; » paroles précieuses, recueillies fidèlement pour les générations futures qui se sont senties consolées en les redisant dans les heures de détresse et de désolation.

Maintenant la souffrance de Marie a cessé, mais la passion du Christ se poursuit dans ses élus, dans son Église contre laquelle, à son défaut, l'enfer se rue, particulièrement en France où il semble vraiment que Dieu ait permis à Satan d'exercer sa rage destructrice, de même qu'autrefois Il avait donné au démon le pouvoir d'éprouver le saint homme Job.

La touchante complainte du *Stabat Mater*, attribuée au moine Franciscain Jacopone de Todi, nous offre une belle formule de prière et d'hommage à la Mère de Douleurs. Au pied de l'autel où se prépare le renouvellement du grand sacrifice, nous nous recommandons de la toute-puissance de la Reine de miséricorde sur le Divin Cœur. Nous la prions de toujours nous donner son Fils unique avec cette paix de Dieu qui surpasse tout sentiment, qui garde les intelligences et les cœurs.

La messe est finie…, mais nous voulons terminer notre action de grâces au Saint-Sépulcre, près du rocher témoin de la Résurrection, et murmurer au Seigneur de nouveau réellement présent dans son tombeau les noms de ceux que nous aimons. Heureuses d'avoir pu assister là encore à la sainte messe, nous regagnons Notre-Dame de France, d'où je sors peu de temps après pour aller parcourir mes sites de prédilection et prier une dernière fois dans mes sanctuaires préférés.

Nous descendons à Gethsémani, au tombeau de la Vierge, dans la grotte de l'Agonie et au jardin des Oliviers, où, cédant à nos supplications, le Père gardien entr'ouvre la grille qui défend toujours les arbres séculaires; nous recevons l'autorisation de cueillir quelques fleurs et d'emporter un peu de la terre grise qui les fait pousser !

Nous sommes ravies de cette faveur, mais tristes de dire adieu à ce coin béni que j'affectionne particulièrement. Remontant lentement la route poudreuse qui conduit à la porte Sitti-Mariam, nous jetons un coup d'œil avide sur la vallée de Josaphat et le mont des Oliviers, comme s'il nous était ainsi possible de les entraîner à notre suite.

Nous commençons, A. et moi, le Chemin de la Croix sur la Voie Douloureuse. Nous avançons sans difficultés dans le libre pays de Turquie, nous agenouillant au coin des rues, à l'entrée de la caserne, partout enfin où nous avons appris à suivre les pas du Sauveur du monde dans cette ville de Jérusalem, et nous tenons à ce que notre dernière visite soit pour la pierre où reposa trente heures le Vainqueur de la Mort.

La basilique n'a plus de secrets pour nous; aussi notre esprit n'est plus captivé par les distractions du milieu hétérogène dans lequel nous vivons depuis bientôt trois semaines. Nous ne voyons plus ce qui est, mais ce qui fut ; seule la grande figure du Christ persiste et je me prosterne, émue, à la chapelle de l'Invention de la Croix, au Calvaire, sur le marbre du Tombeau, laissant là quelque chose de mon âme. Il faut s'arracher à l'attrait suave et poignant de ces lieux. C'est quand nous devons les quitter que nous nous apercevons combien il était doux de vivre dans leur voisinage, et comme il est pénible de s'en séparer, peut-être pour toujours !... Mais non, je ne veux pas avoir cette dernière impression ; j'emporte l'espérance de revenir au pays de Jésus et cet espoir met un peu de baume dans les minutes de l'adieu...

Pressant le pas, le cœur serré, nous nous éloignons sans retourner la tête, quittant à regret toutes ces choses devenues des amies.

Nous rentrons à Notre-Dame de France par les ruelles infectes dont nous connaissons tous les coins et recoins, frôlant les mendiants impassibles sous le soleil brûlant. Nous avons le sentiment que tout ce décor, immobile dans l'avenir comme il l'a été dans le passé, attendra notre retour, et qu'une courte absence séparera notre futur pèlerinage de celui que nous finissons. Cette tranquillité spéciale à l'Orient est consolante aujourd'hui après nous avoir agacés bien souvent.

A l'hôtellerie, c'est la fièvre des bagages qui nous

saisit; on court dans tous les escaliers à la recherche des bons Pères auxquels on tient spécialement à dire encore merci et au revoir.

Nous laissons à Jérusalem Mr M., toujours très gravement malade, sa sœur et ses nièces, Mme et Mlles B., qui ne veulent pas le quitter! Elles sont fort inquiètes et nous sommes très tristes de les laisser ainsi[1].

Après le déjeuner, nous grimpons dans un des carrosses poudreux qui nous ont voiturés à l'arrivée, et dans un galop tumultueux, nous voyons défiler les murailles dorées de Jérusalem à travers l'éblouissement de la lumière crue du soleil de midi.

Le train spécial chauffe. Nous échangeons des au revoir confiants avec nos amis de Palestine; la locomotive siffle. Jérusalem, adieu! Penchés à la portière, nous regardons fuir tous ceux qui restent sur le quai et qui nous adressent des gestes amicaux.

Le consul général est venu saluer la Direction; ici les Assomptionistes ne sont pas des proscrits; la France officielle les respecte, les protège et se permet de leur témoigner son affection.

Les Sœurs de Charité, les Frères des Écoles chrétiennes, les Pères Blancs ont envoyé des délégations; le bon Père A. est là pour nous souhaiter lui-même un heureux voyage. Toutes ces marques

1. Mr M. est mort pieusement à Jérusalem le 19 Juin, et, sur sa demande expresse, il a été enterré dans le caveau des Pélerins à Saint-Pierre du mont Sion.

de sympathie sont réconfortantes, et il est doux de songer à cet accueil si simplement français goûté spécialement à Notre-Dame de France, tandis que la vapeur nous entraîne trop vite dans les défilés du pays des Philistins vers Jaffa, où nous arrivons à 4 heures. En wagon nous avons combiné une rapide visite aux environs de la ville, qui mérite bien son nom de Belle.

Après l'assaut donné aux équipages, nous filons vers le lieu de la résurrection de Tabitha, qui nous a été narrée dans les Actes des Apôtres. C'était une femme riche et charitable que saint Pierre rappela miraculeusement à la vie sur la prière des pauvres qu'elle secourait, et elle devint « une cause de conversion de plusieurs au Seigneur. »

Notre promenade cahotée à travers les jardins d'orangers, de citronniers, de grenadiers et de vignes, d'où émergent de hauts palmiers balançant à la brise du soir leurs larges éventails gris, est très particulière et donne bien une idée de cette région enchanteresse.

Malheureusement notre automédon et notre moukre ne parlent pas le français. On s'explique par signes incompréhensibles, mais la mimique est expressive et nous suivons notre guide dans un enclos planté de magnifiques sycomores, qui dominent une série de grottes sépulcrales où la légende place le tombeau de Tabitha. C'est possible ; dans tous les cas, elle a dû venir souvent dans ces environs où ne manquent pas les malheureux déguenillés.

Après une courte prière, nous reprenons au galop le chemin de Jaffa en passant devant une grande fontaine « Sébil-Abou-Nebbout », près de laquelle se trouve le Consulat français.

Nous sommes enchantées de notre jolie course, et, pour la compléter, nous voulons nous arrêter à la maison de Simon le Corroyeur !... Impossible de nous faire comprendre ; seulement nos Arabes, ne doutant de rien, nous mènent devant la porte de l'hôpital. En quête d'un interprète, nous circulons dans un jardinet soigneusement entretenu, où nous trouvons une bonne religieuse à qui nous expliquons notre embarras. La supérieure de l'établissement la mobilise immédiatement à notre service et elle nous accompagne vers « la Marine », cette maison où saint Pierre eut la vision des animaux purs et impurs, image de la vocation des Gentils. Après un coup d'œil aux vieux remparts effrités, car ils sont en terre, nous pénétrons dans la petite mosquée qui n'offre absolument rien d'intéressant, sauf un vieillard en loques dormant dans un angle sur un tas de chiffons.

Mais nous montons sur la terrasse, d'où l'on jouit d'une vue superbe. La nef du *Salut* se balance sur ses ancres bien loin de nous et elle nous paraît une vraie coquille de noix dans cette immensité ; c'est à elle pourtant que nous confions nos existences !

Une multitude de barques sillonne la rade et nous les voyons distinctement danser éperdument sur les vagues, comme des moucherons qui valsent dans un rayon de soleil. — L'eau est bleue, mais elle est traîtresse et s'ondule au souffle du large... Gare aux cœurs sensibles.

Toujours escortées de notre religieuse, nous traversons des bazars peu attrayants, source cependant de tentations invincibles, et nous arrivons à la douane pour monter dans la dernière embarcation à destination du steamer. Le drogman, qui nous accompagne, fait la basse de l'*Ave Maris Stella* que nous chantons en franchissant la passe redoutable. La Méditerranée est méchante, notre vaste et solide barque gravit allègrement le dos des lames énormes pour en redescendre rapidement en nous éclaboussant d'écume.

Nous rions, mais je vois avec peine les figures pâlir.

Les rameurs sont vigoureux et nous nous rangeons le long du bord sans trop de cris et de gémissements, quand le ressac désordonné et le remous des nombreuses embarcations se coalisent pour nous doucher complètement. C'est heureusement sans danger et nous en sommes quittes pour nous secouer comme les caniches qui sortent de la rivière. Nous servons de point de mire à une foule d'objectifs de photographes et on applaudit à outrance notre embarquement qui ne manque pas de pittoresque.

Il faut se laisser enlever dans les bras des Arabes, pour être déposées sans encombres sur le pont de la Nef, qui nous semble la terre ferme, tant il est vrai que tout est relatif ici-bas.

A 6 heures l'ancre est levée et nous faisons lentement route dans l'Ouest. Jaffa n'est bientôt plus qu'un point blanc et le rivage n'étant pas couronné de hautes montagnes, la Terre-Promise disparaît rapidement à nos yeux.

Accoudé au bastingage, plus d'un passager sent une larme glisser sous sa paupière ..

Comme en rêve, je revis jour par jour ces trois semaines si doucement heureuses où nous vivions dans la patrie de Dieu, entourées des grands souvenirs du passé dont l'air lui-même est saturé.

Brusquement la cloche du dîner vient, indiscrète, interrompre le fil de mes impressions tandis que bon nombre de nos compagnons de route se reprennent obstinément à contempler la mer qui n'est pas du tout gentille.

Nous avons mis le cap sur Malte où nous arriverons jeudi matin ; jusque-là nous ne verrons aucune terre et à peine quelques navires. Ces rencontres sont très rares même sur une route aussi fréquentée que celle de Port-Saïd et de Messine que nous suivons.

Nous avons deux nouvelles compagnes de cabine

et une enfant de trois ans qui dort à poings fermés.
Mais notre voyage est décidément sous le patronage
de saint Michel, conducteur de tous les déménage-
ments, car on nous indique, à H. et à moi, une cabine
à quatre couchettes que nous serons seules à occuper,... jusqu'à la demande d'hospitalisation formée
par une autre voyageuse, Melle A.

DIMANCHE, *31 MAI*. *Jour de la Pente-
côte.* — Nous célébrons maintenant avec tout l'univers
catholique et chrétien la belle fête de la descente du
Saint-Esprit, dont nous suivions l'office solennel
avant-hier tout près du Cénacle.

Aussi nos cœurs sont là-bas, tandis que, roulant et tanguant légèrement, nous assistons à la
messe.

C'est surtout une hymne d'actions de grâces qui
monte sans cesse à nos lèvres, en pensant à toutes
les faveurs dont nous avons déjà été l'objet, et nous
remercions le Saint-Esprit de nous avoir inspiré ce
voyage en Palestine.

La mer se calme dans la matinée et la plupart des
pèlerins peut entendre la conférence savante et do-
cumentée du Père M. L. sur les chevaliers de Saint-
Jean de Jérusalem, de Rhodes et enfin de Malte.
C'est intéressant au possible et prépare à merveille
notre passage dans cette dernière île.

Le règlement a repris son cours, comme à l'aller,

et ce soir, avant la Bénédiction du Saint-Sacrement, nous clôturons le mois de Marie.

Nous venons de visiter le pays de la Vierge et elle a protégé nos premiers pas dans la Galilée, au Carmel et à Nazareth. Nous l'avons retrouvée à Bethléem, près de la crèche du divin Enfant, et à Jérusalem, debout au pied de la Croix. Nous avons prié dans les montagnes qu'elle franchissait allègrement lorsqu'elle allait visiter sa cousine Élisabeth, laissant jaillir de son cœur l'immortel *Magnificat !* Ah ! comment assez remercier cette Mère du ciel de toutes les prédilections dont Elle nous a comblées !

A l'avant du navire, près de la grande croix de chêne qui a été portée sur la Voie Douloureuse, une surprise attend la procession. Les officiers du bord ont construit une grotte de Lourdes : la statue souriante apparaît dans le rocher, éclairée par une lumière invisible, tandis que, à l'aide de transparents se détachent les paroles que Marie donna en réponse à l'humble Bernadette : « Je suis l'Immaculée Conception. » Une source coule paisible dans un petit gave simulé au bas de la grotte ; nous voguons dans l'illusion.

Un magnifique feu d'artifice embrase notre nef ; les fusées s'élancent dans l'espace sans interruption, c'est à croire qu'il pleut des étoiles dans la mer, et je suis surprise qu'aucun navire ne vienne à notre secours, nous supposant en perdition. Les feux de bengale éclairent vivement toute l'assemblée, c'est superbe et très amusant. Le Père O. prononce quelques paroles émues pour nous porter à confier à la Sainte Vierge le grand voyage qui ne se terminera qu'au port de la Vie éternelle.

Après le salut solennel donné à la chapelle, nous nous retrouvons pour le « nine o'clock tea », où, entre gens vaillants et gais, s'élaborent les projets et les discussions. Nous parlions ce soir des roses de Jéricho, que personne d'entre nous n'a pu cueillir, celles que les marchands vendent sous ce nom ne sont que des « anastatica antherocuntica » ! La vraie rose de Jéricho est de la famille des composites, grisâtre, laineuse et possédant des qualités hygrométriques. Elle a été découverte par Mr de Saulcy et nommée « astericus aquaticus » par les uns, « saulcya higrometrica » par les autres. Je suis très ferrée à présent sur la théorie de la rose de Jéricho, et il est probable que je n'irai jamais chercher « l'astericus » au fond de l'Arabie, sa retraite de prédilection.

LUNDI, 1er JUIN. — La mer continue à être de plus en plus désagréable. Personnellement je ne me plains pas, puisque ses mouvements désordonnés me sont indifférents, mais je suis navrée de voir la détresse de tant d'infortunés, somnolant et grelottant sur le pont dans les moments d'accalmie !

A la messe, il y a peu d'assistants, il faut se cramponner aux bancs et aux piliers pour ne pas choir comme la garniture de l'autel vient de le faire avec fracas, bien que vissée dans la cloison. C'est la plus mauvaise journée de la traversée et une bonne affaire pour le restaurateur.

La conférence a cependant lieu sur Malte, son histoire, sa géographie, etc.

On a mis les « violons » sur les tables dans la salle à manger. On appelle ainsi des espèces de boîtes sans couvercle, avec des compartiments pour les bouteilles, les verres, les assiettes, afin que dans les coups de roulis, tout cet attirail ne file pas sur le plancher !

MARDI, 2 JUIN. — La mer est parfaitement douce aujourd'hui, aussi tous les passagers réapparaissent joyeux au grand complet, oubliant vite leurs misères finies sans songer à celles qui les guettent encore par ce temps variable.

La conférence est faite par Mr de P., qui, jouant avec les siècles, passe en revue les pèlerinages à Jérusalem qui se sont succédé au moyen-âge. Notre mérite est mince à côté de celui de nos ancêtres qui se sont exposés vaillamment sur cette voie fatigante et dangereuse. Il y eut des pèlerins, pourchassés par la tempête, qui restèrent 17 jours sans manger ! Nous les plaignons, et certaines d'entre nous, qui crient famine continuellement, sont excessivement apitoyées.

La fête traditionnelle du Passage de la Ligne a
lieu dans l'après-midi. Le baptême est épargné au
patient et les matelots, déguisés pour la circonstance,
défilent sur le pont; c'est une superbe cavalcade
dans laquelle figurent deux chameaux, montés par des
arabicots du plus beau noir qui hurlent « Backchich. »
Un respectable cheik en turban, armé de la matraque
des Bédouins, ouvre la marche suivie par une foule
de nègres.

Pour que les réjouissances de l'équipage soient
complètes, le Casino se transforme en Cour d'assises.
Un président quelconque s'installe gravement dans
la chaire de justice et cite à sa barre tous les crimi-
nels que son œil perçant croit découvrir dans la
noble assemblée : le directeur, le commandant,
d'autres encore qui semblaient devoir passer inaper-
çus, sont arrêtés par les gendarmes et, pour des faits
de haute gravité comme d'avoir fumé une pipe en
concurrence avec la cheminée de la machine, sont
frappés d'une amende variant de deux bouteilles de
limonade à trois bouteilles de Champagne, en passant
par les litres de bière, d'orangeade, de sirop, etc.
Enfin la fête se termine par des photographies de
ces groupes héroïques et par un congé donné aux
matelots qui jouissent des impositions levées sur les
innocents.

Le soir, avant le salut, une belle procession se
rend au pied de la croix qui disparaît sous les lampes

électriques. Tout le navire est décoré de lanternes vénitiennes et c'est un coup d'œil féerique que l'embrasement qui suit la consécration solennelle au Sacré-Cœur. Les acclamations montent enthousiastes dans le ciel serein. Nous voudrions voir accomplie la devise enseignée par Notre-Seigneur lui-même : *Adveniat Regnum Tuum,* qui flotte fièrement sur une banderole lumineuse. Nous restons longtemps à causer sur le pont, échangeant nos impressions. Les vers de Leconte de Lisle me reviennent à la mémoire en goûtant le charme unique de cette belle soirée, si calme et si pure.

> L'immense mer sommeille. Elle hausse et balance
> Les houles où le ciel met d'éclatants îlots.
> Une nuit d'or remplit d'un magique silence
> La merveilleuse horreur de l'espace et des flots ;
> Les deux gouffres ne font qu'un abîme sans borne
> De tristesse, de paix et d'éblouissement,
> Sanctuaire et tombeau, désert splendide et morne,
> Où des millions d'yeux regardent fixement.

MERCREDI, 3 JUIN. Sainte Clotilde, reine de France. — Une messe de *Requiem* est chantée ce matin pour les anciens pèlerins et l'absoute, donnée à la mer.

Cette cérémonie est plus poignante encore qu'à l'aller puisque nous venons de perdre deux de nos compagnons, que nous en avons laissé un mourant à Jérusalem, et qu'à bord nous savons qu'un quatrième est presque à l'agonie ! La mer est détestable, grise et échevelée comme une furie acharnée à notre poursuite. Aussi l'assistance ne brille pas par le nombre et à chaque minute des formes vacillantes se hâtent vers les escaliers pour s'isoler en face des flots en courroux.

Un orage se déchaîne vers 10 heures ; il pleut, il grêle, il tonne, mais la nef avance impassible, tranchant de son étrave infatigable les vagues qui se lèvent menaçantes pour lui barrer la route. Le pont est balayé à plusieurs reprises par l'écume rageuse, et c'est alors une fuite éperdue de ceux qui contemplaient, saisis, ce magnifique spectacle. Les teintes des longues lames sont nuancées d'une façon ravissante, variant du bleu fulgurant au vert malachite en passant par tous les tons intermédiaires.

Voilà de nouveau les violons dans la salle à manger et leur vue chasse encore quelques cœurs impressionnables. La mer se calme cependant l'après-midi et le commandant nous donne une charmante conférence traitant de la navigation actuelle, des termes de marine et des gréements des différents bateaux. Son ingénieuse définition de Bâbord et Tribord est à retenir.

Nous devons arriver à Malte cette nuit et on prend toutes les dispositions nécessaires pour notre débarquement dès l'aube. Nous allons revoir la terre, mais elle est anglaise !

JEUDI, 4 JUIN. — A 2 heures du matin, Mr H. s'est éteint doucement, et cette fin apprise immédiatement à bord cause à chacun de nous une douloureuse surprise.

Mr H. était un Basque énergique qui s'est livré à toutes les fatigues sans prendre le repos que ses soixante-dix-neuf années lui commandaient. Épuisé, il n'a pu lutter contre l'affaiblissement, et les soins les plus assidus n'ont pu lui rendre les forces perdues.

Nous entendons la messe de communauté célébrée pour lui, et le Père M. L., qui l'a assisté lui-même, nous donne des détails touchants de cette mort édifiante. Espérons que l'impitoyable Faucheuse va s'arrêter de frapper le XXVe pèlerinage, qui a eu la proportion la plus considérable de victimes. A mon premier voyage, tout le monde avait été très bien portant, et c'est ainsi habituellement, mais cette fois nous sommes comptés dans les exceptions.

A 6 heures le bateau est à l'ancre dans le port, à 20 mètres du quai, et j'écoute avec délices les cloches et les bourdons qui carillonnent gravement à tous les campaniles de La Valette. Je ne me doutais pas éprouver un tel plaisir à entendre ces amples sonorités accompagner de leur pure mélodie nos prières un peu étriquées.

La « santé » et les autorités anglaises passent une visite minutieuse du bord. Après bien des pourparlers et des difficultés causées par le décès qui vient de se produire, la permission de débarquer est donnée sur la parole d'honneur des directeurs et du médecin qu'il n'y a rien de contagieux dans cette mort.

A 8 heures nous entrons dans une des nombreuses barques, très élégantes avec leur proue relevée à la vénitienne, qui sillonnent silencieusement le port inondé de lumière. Ce n'est pourtant plus l'Orient et on a l'impression de toucher une terre européenne, mais frontière de cette Asie d'où nous arrivons.

Les maisons au bord du quai sont patinées par le soleil et semblent des forteresses percées d'étroites meurtrières et garnies de mâchicoulis.

La ville de La Valette dont nous foulons le sol a un air étonnemment antique et bien conservée. Dédaignant les fiacres, nous sommes heureuses de nous dégourdir les jambes, en nous engageant dans les rues en escaliers qui montent droit devant nous et sont pittoresques au-delà de toute expression.

Nous croisons des Maltaises, presque toutes revêtues de la « faldetta » noire appelée aniénel. C'est un manteau de soie avec un capuchon qui se relève en forme de capote sur un demi-cercle d'étoffe tendue.

Les femmes sont généralement belles, très gracieuses et dévisagent avec aplomb les étrangers. Les hommes sont grands, bien bâtis, lestes et souples comme des chats. La race italienne se voit en eux, les uniformes et la raideur britannique tranchent au milieu du laisser-vivre de la population.

La langue est un patois italien, mais avec les quelques mots que j'en possède, j'arrive très facilement à me faire comprendre.

Les voitures, « le calesse », sont petites, basses, abritées par une grande ombrelle de soie blanche qui retombe à droite, à gauche, devant, derrière, en leur donnant presque un air de corbillard, si ce n'étaient les grelots joyeux du cheval pimpant qui trotte à une vive allure.

Nous nous rendons à la gare pour prendre le train de Citta-Nobile ou Citta-Vecchia qui est située à l'intérieur de l'île.

Les gamins nous poursuivent en nous offrant des fleurs ; les bottes d'œillets sont belles et voilà si longtemps que nous en sommes privées qu'il ne leur est pas difficile de trouver des acquéreurs.

Nous montons dans notre train spécial, les wagons sont comme des tramways et nous avons un trajet d'à peine 3/4 d'heure.

Nous passons sous Floriana, ville presque exclusivement anglaise, encombrée de casernes, de fortifications et qui compte à elle seule 20 000 habitants.

Les multiples stations à 2 minutes l'une de l'autre disparaissent sous des profusions de roses, de géraniums, de glycines, de fleurs de la Passion et de quantités d'espèces de plantes qui excitent notre enthousiasme. Rien n'est joli comme cette débauche de verdure et de couleurs, et nous sautons de joie comme des enfants.

Nous traversons les environs de la Valette en nous éloignant de la mer, mais notre voyage est de courte durée puisqu'il n'y a que 15 kilomètres à franchir.

La culture des pommes de terre occupe une grande partie du territoire ; les champs sont de petite étendue, bordés de murs en pierres sèches et le sol, fortement crayeux, a exigé une main d'œuvre considérable. Le précieux tubercule, nourriture nationale des possesseurs de Malte, alterne avec le cotonnier et la tomate ; mais en été l'eau doit manquer et arrêter l'expansion de l'agriculture.

Il n'y a pas trace de source, les rivières sont inconnues et il faut travailler à côté des torrents desséchés.

En somme, l'ile n'est qu'un vaste rocher blanc, brûlé par le soleil. Autrefois elle était entièrement nue, escarpée et dépourvue de végétation. Aujourd'hui les forêts et les bois y sont à l'état de néant, et, à part le florissant jardin de la ville, il n'y a pas d'autre ombre que celle des murailles. La culture maraîchère seule y est très développée.

Après avoir cru étouffer dans un tunnel, nous descendons à Nobile-Gare, presque asphyxiés par la fumée.

La ville nous domine ; de ces terrasses, on doit

avoir une belle vue sur l'océan de pierres qui nous entoure et que les Anglais ont barré d'immenses casernes.

Grâce à un petit cheval maltais, nous sommes bientôt au sommet et nous visitons en détail l'ancienne cathédrale de style italien, bâtie sur l'emplacement de la maison de Publius, préfet romain de l'île, qui reçut amicalement l'apôtre saint Paul quand il aborda sur ce rivage à la suite d'une violente tempête. Les pavements en marbres de couleurs qui jouent la mosaïque sont d'une finesse surprenante et d'une richesse inouïe.

Les pierres tombales des évêques et des chanoines sont recouvertes par leurs écussons armoriés, et nous admirons les boiseries du chœur avec leurs marqueteries et leurs sculptures.

Mais tout cela est trop rapide à notre gré et il faut passer devant des merveilles presque en courant.

Nous contemplons la vue de la place et caressons les antiques couleuvrines du xvie siècle qui veillent aux portes de la cathédrale. Elles portent sur leurs flancs la devise : *Fert*, la même que les monnaies italiennes sur la tranche.

On prétend que le fondateur de l'ordre de l'Annonciade (xive siècle), Amédée VI de Savoie, plaça sur le collier du nouvel ordre militaire les initiales de ces mots : *Fortitudo Ejus Rhodum Tenuit* parce que ses ancêtres s'étaient distingués au siège de

Rhodes. Mais de savants historiens assignent à ces lettres mystérieuses un autre sens plus probable : *Fide Et Religio Tenemur*, nous sommes liés par l'honneur et par la religion.

Il est à observer que les descendants d'Amédée trahissent aujourd'hui ce serment.

Nous allons ensuite à l'église Saint-Paul, desservie par les Franciscains, mais beaucoup moins belle que la cathédrale.

Nous y vénérons une relique importante de l'apôtre des nations avant de descendre dans la grotte où vécut l'apôtre pendant les trois mois qu'il passa à Malte.

Elle est assez grande, les parois sont friables, c'est de la craie dont les Pères distribuent généreusement des parcelles, lesquelles, réduites en poudre, sont un remède merveilleux contre la fièvre. Par un miracle constant, ces soustractions fréquentes n'agrandissent pas cette caverne.

A 11 heures, le railway nous ramène à la Valette, et avant de rentrer à bord, nous pénétrons dans la cathédrale de Saint-Jean-Baptiste, où le doyen du chapitre nous adresse en italien un charmant petit discours et nous donne la bénédiction du Saint Sacrement. Nous nous répandons ensuite dans la splendide basilique, cherchant les noms des aïeux gravés sur les dalles funéraires qui forment exclusivement le pavé.

C'est presque toute l'histoire de France qui est

ainsi évoquée, et la chevalerie a trouvé là un écrin de toute beauté. A cause des tapis qui encombrent le sol, H. et moi ne pouvons découvrir la tombe d'un de nos ancêtres, Annet de Clermont-Gessan, qui fut grand-maître de l'ordre de Malte vers 1660, et dont nous possédons une lettre autographe annonçant sa nomination à sa famille. Nous descendons dans la crypte où reposent les cendres de l'héroïque La Valette, du valeureux L'Isle-Adam et de plusieurs autres.

Les chapelles des deux nefs renferment les différentes nationalités : à droite les Portugais avec le monument en bronze de Manoël Villena ; les Espagnols avec Roccafeuil ; les Provençaux à gauche, ornés de trophées formés avec les clefs des villes prises aux Turcs, etc.

Nous admirons un Christ en bois sculpté, saisissant par son expression d'horrible douleur et d'affreuse angoisse ; c'est vécu. Le décharnement est effrayant et l'anatomie des muscles si minutieusement traduite qu'on croirait voir un corps encore tiède suspendu à cette croix. Les tapisseries des Gobelins, dons royaux, sont étalées sur les murailles et représentent une fortune. Toute la vie de Notre-Seigneur y est reproduite en des tons d'une fraîcheur inouïe.

La façade de la cathédrale est trop chargée de sculptures pour être à mon goût ; son style Renaissance est massif et date de 1576.

Nous reprenons les rues en escaliers pour monter à bord. La température est agréable pour nous qui revenons de Palestine, mais il paraît que la chaleur est assez forte et que la moyenne en été est de 35 degrés. La brise de mer est délicieuse.

En attendant le déjeuner, je regarde le grand port dans lequel nous avons jeté l'ancre, près de la Valette, qui s'avance ainsi qu'une presqu'île, étageant ses maisons au-dessus de nos têtes pour nous masquer la vue de Marmouscet-port et du lazaret.

En face, la Citta Vittoriosa où se trouve rassemblée la population pauvre. C'est dans ces murailles que se concentra la défense acharnée de la ville qui réussit à faire reculer le Croissant (1565).

A droite, une autre presqu'île, la Senglea, du nom d'un grand-maître français, abrite maintenant les arsenaux et les docks anglais. — Les forts Saint-Elme et Ricasoli commandent l'entrée du port qui constitue une rade unique de 20 mètres de profondeur, abritée contre tous les vents. Elle n'a que le défaut d'être trop étroite; une flotte de guerre doit y manœuvrer difficilement, mais en voyant ce hérissement de citadelles, de canons, de fortifications, on comprend que c'est une position inexpugnable, surtout aux mains d'Albion.

Nous nous esquivons pendant que plusieurs s'abandonnent aux douceurs de la sieste et nous courons revoir la cathédrale à peine entrevue ce

matin ; et, après des extases motivées, nous rejoignons le pèlerinage dans le palais du Gouverneur,
autrefois la résidence du grand-maître des Chevaliers
de Saint-Jean.

La Salle du Conseil, ses belles tapisseries, et la
Galerie des armures nous retiennent longuement.
Nous y trouvons des armes de toutes sortes ayant
servi aux chevaliers, des bannières, des hampes de
drapeaux enlevés aux Turcs, la trompette qui sonnait
la charge au siège de Rhodes, le carrosse de gala
dans lequel monta Bonaparte à son occupation de
l'île en 1798, etc. Le jardin intérieur est d'une fraîcheur exquise, mais nous ne pouvons nous y attarder,
et nous parcourons encore la curieuse église de
Saint-Paul, où a lieu, accompagnée de chants
superbes, la réception d'un chanoine.

Nous retrouvons un petit groupe d'amies dans un
restaurant très select où nous est servi un goûter
excellent : glaces, sorbets, cerises, figues, gâteaux
disparaissent comme par enchantement. Sommes-nous
dans une de ces anciennes maisons où se groupaient
les chevaliers par nationalité, et qui ont laissé leur
nom à plusieurs hôtels qui portent le titre d'auberges
d'Aragon, de Bavière, d'Auvergne? Nous sommes
trop gaies pour songer à tout cela, et cependant, à
5 heures, nous retournons à bord afin d'assister aux
funérailles de ce pauvre M⁁ H.!

La chapelle est transformée lugubrement avec des

tentures noires ; le clergé paroissial vient chanter l'office et donner l'absoute. Le cercueil, recouvert du drapeau tricolore, est descendu dans une barque qui s'éloigne lentement de la nef, pendant que des coups de sifflets stridents déchirent l'air où flotte mélancoliquement le tintement du glas. Nous sommes tous émus de quitter ainsi l'un d'entre nous, et le corbillard empanaché, suivi d'un long cortège de voitures à ombrelle blanche, disparaît au tournant de la rue... comme bientôt fuira la ville entière malgré l'inondation de cette splendide lumière. Nous savons que ce bon pèlerin repose parmi beaucoup des défenseurs des Lieux-Saints : pour leur conservation, il eût donné comme eux sa vie sans hésitation.

Après cette funèbre cérémonie, et pour secouer nos tristes impressions avant que le navire ne lève l'ancre, nous sautons en barque pour monter ensuite à la Baracca Nuova dans un galop insensé ! Essoufflés, époumonnés par les escaliers sans fin qu'il nous faut gravir, nous atteignons le sommet d'une terrasse d'où nous jouissons d'un panorama merveilleux sur tout le port de la Valette. Nous l'avons bien gagné. Nous dominons le « Saluting Battery », vieux canons dormant sur leurs affûts et servant seulement à tirer les salves réglementaires.

La descente par les marches des rues est pénible, mais ravis de cette ascension de 7 minutes, nous remontons à bord pour dîner et voir lever l'ancre.

Adieu, terre de la Chevalerie !

Comme il faudrait pouvoir emporter avec nous un peu de l'atmosphère vivifiante qui rendit forts et généreux ceux qui ont vécu ici !

Une à une, les lumières disparaissent, s'éteignent dans le lointain, et l'obscurité nous entoure envahissante.

On commence à rouler, et les mines se rembrunissent aussitôt.

VENDREDI, 5 JUIN. Premier vendredi du mois. — Assurées d'avoir une messe à 8 heures, H. et moi dormons le plus tard possible ; entre Malte et Naples, une longue nuit n'est pas à dédaigner. Nous longeons les côtes de Sicile, et, même, pendant notre sommeil, nous avons dépassé Syracuse. Maintenant nous nous enfonçons très lentement dans la baie de Catane. La patrie de sainte Agathe se compose de maisons blanches étalées sur le rivage plat et sablonneux ; c'est une très grande ville, comparable à Messine, dominée par les premiers contreforts de l'Etna. Le navire s'approche de la terre dont il suit toutes les découpures ; c'est ravissant par ce temps délicieux.

Je m'installe avec un petit groupe sur le gaillard d'avant pour regarder les vallons plantés d'orangers que nous admirons dans leur verdure printanière.

Aci Reale, Giarre et surtout Taormina excitent nos

exclamations enthousiastes. De gracieux villages, de coquettes maisons et même de grands hôtels apparaissent perchés sur les flancs du volcan couronné de neige. Le cratère (3 310 mètres) laisse échapper quelques volutes de fumée et nous distinguons la région des bois de chênes, de châtaigniers, de hêtres, de bouleaux et de pins qui prospèrent jusqu'à l'altitude de 2 000 mètres. Mais on nous assure que la flore alpestre ne peut y végéter, et que seuls les genévriers résistent à la sécheresse habituelle de ces pays.

Nous ne nous lassons pas de ce spectacle tellement beau et varié et nous maudissons l'heure du déjeuner qui approche. Nous entrons dans le détroit de Messine vers 1 heure et nous passons sans encombre entre Charybde et Scylla. La mer est excellente, nous voguons encore dans les eaux du Stromboli et la population de Saint-Vincent, massée devant l'église, nous salue de ses acclamations, auxquelles nous répondons par un coup de canon et les sifflements déchirants de la sirène. Puis la nef pointe dans le nord vers Naples où nous arriverons demain à la première heure.

SAMEDI, 6 JUIN. — A 4 heures du matin, la nef est entrée dans la baie idéale de Naples.

H. s'est levée avant le soleil pour jouir de son apparition derrière le Vésuve, mais la brume étant de la partie, le coup d'œil magnifique dont j'avais joui il y a deux ans ne lui est pas accordé.

Pour la première fois depuis Marseille, le navire est à quai, tout près de la Dogana, et nous n'aurons pas à descendre dans les barques pour mettre pied à terre.

On distribue un énorme courrier qui nous a été renvoyé de Rome. Nous avons des lettres de la R. dans lesquelles nous nous plongeons avec délices ; depuis le 26 mai, nous étions sans nouvelles. Nous montons dans de somptueuses voitures pour visiter la ville. Sur les routes de Palestine, nous avions perdu l'habitude d'être dans des carrosses aussi confortables et conduits par des cochers en livrée. Nous allons à la Piazza del Plebiscito pour prier dans la belle Église de Saint-François de Paule ; mais après maintes discussions avec nos automédons galonnés qui font marcher leurs chevaux au pas de procession, nous obtenons de grimper jusqu'à San-Martino par le célèbre quartier du Vomero.

Les rues ont un aspect original, plongeant souvent à pic sur la mer, comme des couloirs rendus obscurs par des hardes ingénieusement suspendues en travers. On y crie toute la journée des denrées alimentaires et on nous offre avec insistance des bottes d'œillets splendides. La Via di Toleda est la plus animée, envahie par les journalistes ; mais la Strada del Castello exhibe tous les secrets de la vie napolitaine : les maisons sont précédées d'auvents avec des cuisines et des dégustateurs en plein air. Les troupeaux de chèvres, les marchands d'allumettes, de cartes postales, les décrotteurs, tous courent vivement en nous poursuivant, mais rien ne nous empêche d'admirer les magnificences de la nature prodiguées à côté de la misère de tant d'existences. Le peuple est en haillons, c'est vrai ; mais la masure plie sous la jonchée de roses, de volubilis, de vignes-vierges qui habillent cette pauvreté. Le vieux château Saint-Elme, au pied duquel nous passons, n'est plus qu'une prison militaire, mais l'ancienne Chartreuse de San-Martino est remarquable autant par sa vue unique que par sa richesse de décoration. Le cloître, la jolie crèche, l'église, les salles du musée, tout est parcouru à la hâte jusqu'à un belvédère, hexagone suspendu entre deux balcons d'où se déploient à nos yeux éblouis Naples, son golfe merveilleux et la fertile contrée qui s'étend de Nole aux Apennins.

Au centre de la plaine, le Vésuve ressemble à un monstre accroupi ; une ombre légère vient à peine nous désigner le cratère, et il a vraiment l'air pacifique. Nous redescendons en ville et visitons San Gennaro, il Duomo ou la Cathédrale Saint-Janvier. La façade est en restauration, encombrée d'échafaudages, de sorte qu'on ne peut juger cet édifice gothique commencé en 1272 par Charles d'Anjou.

Nous vénérons l'ampoule renfermant le sang de

saint Janvier qui entre en ébullition toutes les années, et nous remarquons dans la Chapelle du Trésor de belles toiles du Dominiquin.

Nous ne pouvons pénétrer dans la Confession, parce que, précisément aujourd'hui, Samedi des Quatre-Temps, il y a une ordination.

Il est 10 heures et demie, et après une courte restauration à bord, nous filons vers la Stazione Centrale pour prendre le train de Pompéi.

Nous y arrivons avant midi, et immédiatement après la vie intense de Naples et de tout ce golfe que nous venons de longer, nous subissons par la loi des contrastes le curieux attrait de cette vieille petite cité, véritable Belle au Bois dormant des villes, sortie de la cendre après un ensevelissement de dix-sept siècles, dans la fraîcheur de ses peintures et les raffinements de la civilisation.

Nos pas et nos conversations résonnent seuls dans ces rues étroites, aux larges pavés, bordées de hauts trottoirs et gardant la trace des roues des chars ainsi que deux ou trois blocs de pierre espacés, qui servaient de ponts les jours de pluie. Les chevaux harnachés avec luxe devaient circuler fièrement dans ces artères où vraisemblablement chacun ne songeait qu'à jouir. On a cette impression de vie de plaisir, commencée ici, tandis qu'une catastrophe inouïe la figeait pour nous, mais elle s'est renouvelée et se continue à Naples dans l'enchantement transmis à

tous les sens, comme le parfum violent des fleurs
flotte toujours dans cet air lumineux et constamment attiédi.

Aujourd'hui, ce forum d'aspect grandiose et mé-
lancolique, ces colonnes brisées, ces statues absentes
de leurs massifs piédestaux, ces temples mutilés, la
Basilique, la Bourse, le Tribunal, tout cela est solennel, désert, ouvert à tout venant et respirant la mort
qui se dégage de toutes les molécules de ces pierres
calcinées.

Au théâtre, nous touchons les gradins de marbre
réservés aux spectateurs le soir de la disparition de
Pompéi.

Les thermes sont une initiation à la vie romaine,
qui se passait en partie dans ces établissements amé-
nagés avec luxe : casiers pour les habits, piscines,
baignoires, lits de repos, patio, buvette. Plusieurs
boutiques resserrées, avec des trous qui étaient
remplis de vin de Palerme, portent des inscriptions
électorales !

Déjà et encore des affiches !

Les habitations consistent uniquement en salles de
réception ; les appartements particuliers sont d'une
dimension ridiculement petite et personne ne s'en
contenterait actuellement. Les maisons les mieux conservées sont la Casa dei Vetii et celle du Balcone
Pensile qui possède un étage surplombant dans la
rue.

L'atrium et le péristyle de la première sont pavés de mosaïques, embellis de colonnes, ornés de peintures, décorés de sculptures. Au centre de la cour, un bassin de marbre, l'impluvium, mire l'immensité du ciel. Le jeu des fontaines et le parfum des fleurs, les meubles sobres s'harmonisant avec les lits sveltes, les tabourets à pieds en X, de menus objets d'art, tout s'est réuni dans cette Casa dei Vetii pour nous tromper, et, en visitant le Triclinium ou salle à manger, nous craignons de voir un patricien en toge blanche se lever de sa chaise curule pour chasser des étrangers portant un costume barbare.

De jolis bronzes fins sont replacés dans les niches attristées de leur absence, et ils sourient aux peintures murales d'une fraîcheur inimaginable et d'un coloris si doux. Tout était fait pour récréer des yeux qui ont disparu, fermés impitoyablement sous un rideau de cendre. Quels rêves hantaient ces épicuriens parmi leurs murailles semées d'évocations païennes ? Ils flânaient puisqu'on venait à Pompéi pour se reposer; ils recevaient leurs clients, salués du mot *Ave*; mais surtout ils soupaient le front couronné de violettes, au son des flûtes et des cithares, ils arrosaient d'hydromel ou de vin de Falerne les langues de lamproie, les filets de murènes et les cervelles d'ortolans de leurs menus compliqués.

Ils se souciaient fort peu des misères qui accablaient la foule... Le christianisme nous a fait d'autres âmes en nous montrant un but survivant à la vie.

Nous nous figurons presque facilement ce qu'était Pompéi le jour du cataclysme : les petites rues s'animaient, les magasins s'achalandaient, le forum était paré, les autels des sacrifices envoyaient leurs fumées dans l'espace, les urnes cinéraires s'alignaient... Et aujourd'hui, dans le recul, le Vésuve, paisible et riant, se dresse contemplant avec sérénité son ancienne proie, sous un joli ciel de saphir, encadrée d'une campagne joyeuse et insouciante, bordée par la mer rayonnante et mélodieuse.

Ravies de notre fugue à Pompéi, nous sommes bientôt à Naples, flânant devant les échoppes résonnantes de chansons. Le Musée national ferme ses portes à notre nez; déçues, nous allons à l'Aquarium, qui n'a pas son pareil pour la richesse et la beauté des animaux marins qui y sont exposés et nagent derrière de grandes vitres dans une eau claire.

Les poulpes ou pieuvres gigantesques sont très curieux à regarder et nous touchons le poisson-torpille qui décharge de l'électricité pour se défendre. Ce qui nous amuse le plus, ce sont les batailles que se livrent messieurs les crabes, lesquelles disputes finissent toujours par le repas du plus fort aux dépens du vaincu.

Nous rentrons pédestrement à bord avant 6 heures par la Riviera di Chiaia et la Via Parthénope qui suit la mer radieuse, et nous admirons à loisir les trésors de floraison prodigués devant l'azur des flots et du ciel.

Quelques pèlerins retardataires rejoignent le bateau en marche et nous passons devant le Pausilippe, Pouzzoles, Misène, Procida, laissant à bâbord Ischia. Le panorama, doré par le soleil couchant, est féerique. Nous voyons ici une rive enchanteresse et ravissante sans restriction...

Nous filons à toute vapeur sur Civita Vecchia et nous chantons l'Oraison : *Pro Pontifice,* au large de Rome où nous serons demain.

DIMANCHE, 7 JUIN. Fête de la Sainte-Trinité. — A 6 heures nous sommes ancrés dans le vieux port des États Pontificaux, et, après la messe, nous commençons à débarquer. Les eaux que fend notre esquif n'ont rien d'engageant et il y a une différence énorme entre la limpidité de bon aloi de celles de Beyrouth, Jaffa, la Valette, et l'opacité glauque de celles-ci.

Les arcades du port sont laides et sentent mauvais ; en un mot le désenchantement est complet, puisqu'il faut se quereller indéfiniment avec les facchini et les autorités du chemin de fer. La route n'est pas longue jusqu'à Rome, où nous arrivons à 11 heures, gare du Transtévère ; mais, par suite de la mauvaise foi de la Compagnie, nous n'y trouvons pas de moyens de transport. Nous réussissons cependant à atteindre, avec armes et bagages, l'hôtel de la Minerve, où loge une partie du pèlerinage. A 2 heures, nous partons en voiture pour Saint-Pierre, notre première visite.

A tout seigneur tout honneur.

Je ne veux pas entamer une description de la Basilique Vaticane, trop belle pour qu'on puisse en parler rapidement ; je me contente de dire ici que Saint-Pierre est vraiment la cathédrale de la catholicité.

Nous montons ensuite à Saint-Pierre-in-Montorio, d'où l'on jouit d'un panorama splendide sur la Ville Éternelle.

Dans la cour du couvent des Franciscains, nous allons prier dans le Tempietto de Bramante, chef-d'œuvre d'architecture, érigé au lieu présumé de la crucifixion de saint Pierre sur le Janicule.

Nous nous promenons dans les jardins de la villa Corsini, devant l'imposante Fontaine Pauline, et nous descendons à Sainte-Marie-du-Transtévère, fondée par saint Calixte au IIIe siècle.

L'Église de Sainte-Cécile, bâtie par Urbain Ier à la place de la maison de la sainte, renferme une très belle statue de Maderna qui la représente étendue, à demi décapitée, telle qu'on la découvrit dans son cercueil aux Catacombes.

Le cardinal Rampolla, dont c'est le titre cardinalice, a beaucoup enrichi la basilique ; les fouilles sont continuées avec persévérance et on peut visiter complètement l'antique demeure.

A cause de la fête italienne du Statuto, le Palatin et le Forum sont fermés, mais nous contemplons de loin les restes gigantesques des palais des Césars. Minés, rongés, ruinés, ils gardent le charme subtil des pierres mêlées à la vie d'un peuple.

Et si, des arcs de triomphe et du temple de Vesta, on descend à la Prison Mamertine, la voix du passé déconseille toute inquiétude éphémère sur l'avenir, et on livre facilement sa vie à cette Providence qui terrassa les dieux, les empereurs, les armées, et se servit de leur orgueil pour sa plus grande gloire.

Intrigues, complots, crimes, fêtes, le silence de ces débris est un discours auquel on ne peut résister ; le drame a son principe au delà des barrières de ce monde.

Nous rentrons à l'hôtel éblouies de notre première tournée à Rome et nous assistons au salut dans l'église Saint-Venance, qui est plutôt une chapelle obscure et sans aucun luxe de décoration.

Ah ! oui ! il est puissant sur l'imagination humaine le charme de ce qui fut. Toute la grandeur antique, toute l'invasion barbare, le songe mystérieux du moyen-âge, la sombre tristesse de la négation moderne sont tangibles dans cette ville sans pareille.

Quelle autre poussière au monde est glorieuse de cette gloire-là ?

LUNDI, 8 JUIN. — Nous avons dormi comme des marmottes, et, à 8 h. 1/2, après avoir été prier dans l'église de Sainte-Marie-de-la-Minerve qui renferme le tombeau de sainte Catherine de Sienne, nous partons pour Sainte-Marie-Majeure, sur le sommet de l'Esquilin. Cette magnifique basilique fut élevée par le Pape Libère, en 352, à l'endroit où, le 5 août, on trouva de la neige. On ne peut se lasser d'admirer les mosaïques de l'abside, et quelle joie pour des pèlerins de Bethléem de baiser les cinq petites planches vermoulues qui formaient la Crèche où le Sauveur dormit son premier sommeil.

Nous prions aussi dans la chapelle du Saint-Sacrement devant le tombeau de saint Pie V, et devant la Madone peinte par saint Luc dans la chapelle Borghèse.

La basilique de Sainte-Croix-de-Jérusalem, une des sept principales de Rome, fut érigée par Constantin sur le palais Sessorien et enrichie de très précieuses reliques par sainte Hélène : nous vénérons un des clous qui attachèrent le Sauveur à sa croix, le titre qui portait l'inscription, une épine de la sainte couronne, un fragment considérable du bois de la vraie croix, la traverse de celle du bon larron, etc. Nous complétons ainsi notre pèlerinage en Terre-Sainte.

Nous arrivons ensuite à Saint-Jean-de-Latran, la cathédrale de Rome parce que le Pape y est évêque.

C'est la mère des Églises et elle est dotée des plus riches indulgences. J'admire la grille en fer forgé et en bronze ciselé de la chapelle Torlonia, et on me montre la place où reposera Léon XIII en face d'Innocent III. Sous un baldaquin de marbre blanc, les crânes de saint Pierre et de saint Paul sont vénérés dans un reliquaire en forme de buste d'orfèvrerie, au-dessus de l'autel papal, première table en bois grossier sur laquelle le chef des apôtres célébrait le Saint-Sacrifice. Du cloître aux colonnettes délicates, incrustées de mosaïques et où nous remarquons la margelle du puits de la Samaritaine, nous montons baiser la table de la Sainte-Cène.

Le baptistère est d'une forme originale. Constantin y reçut le baptême; la cuve en basalte vert est ornée de splendides colonnes de porphyre, et la voûte, de mosaïques anciennes fort bien conservées.

Nous admirons la façade imposante du palais de Latran et les mosaïques du Triclinium de Léon III; puis nous gravissons à genoux les 28 degrés de la « Scala Sancta »; en haut de ce vénérable escalier, par lequel Notre-Seigneur débuta dans la *Via Crucis*, se trouve la chapelle Sancta Sanctorum, fermée par une grille et où sont aussi de belles reliques.

Dans la basilique de Saint-Pierre-aux-Liens, nous sommes arrêtées devant le fulgurant Moïse de Michel-Ange, puissant et superbe, reflétant les éclairs du Sinaï. Les chaînes que saint Pierre avait dans sa prison à Jérusalem et qui ont été brisées miraculeusement sont conservées dans la Confession.

Nous employons notre après-midi dans la campagne romaine, sortant par la porte d'Ostie pour arriver directement à Saint-Paul-Hors-les-Murs, la plus vaste église après Saint-Pierre du Vatican. Les mosaïques et le portique sont remarquables ainsi que les médaillons des portraits de tous les papes. La Confession renferme le corps de saint Paul et nous voyons les chaînes que l'Apôtre a portées dans la prison Mamertine. Nous prions devant le crucifix qui a parlé à sainte Brigitte.

Le cloître, datant du moyen âge et qui était aux Bénédictins, compte parmi les plus beaux, il est moins bien conservé cependant que celui de Latran.

Nous allons jusqu'à l'abbaye des Trois-Fontaines, occupée par les Trappistes qui ont assaini ces marécages plantés à présent de vignes et d'eucalyptus.

Nous visitons les trois églises : la première, dédiée aux saints Vincent et Anastase, abrite le corps de ces martyrs ; celle de Sainte-Marie-Scala-Cœli doit son nom à une gracieuse légende concernant saint Bernard et les âmes du Purgatoire, et enfin la troisième, érigée sur le lieu du supplice de saint Paul, renferme trois sources abondantes et distinctes jaillies de terre aux trois endroits où la tête de l'apôtre avait touché le sol. Après avoir bu de l'eau des fontaines, après avoir embrassé la borne de pierre sur laquelle fut décapité saint Paul, nous rejoignons la Voie Appienne par des chemins de traverse et nous nous arrêtons aux catacombes de Saint-Calixte, où sont installés les pères Trappistes. Émus, nous parcourons ces corridors sombres, une tremblante bougie à la main, et nous nous sentons environnés par ces millions de chrétiens, martyrs de fait ou de désir, qui reposèrent pendant des siècles dans la paix du Seigneur. La Chambre des Papes, le tombeau de sainte Cécile, la chapelle du Saint-Sacrement, de sainte Lucine, de saint Corneille, portent des traces de naïves peintures tandis que les autels sont élevés sur les principaux sarcophages. Tout cela est touchant au possible et nous prenons rendez-vous pour assister demain à la messe dans ces catacombes, berceau obscur du Christianisme.

En partant, nous passons devant la petite église « *Domine quo vadis ?* » et nous rentrons à Rome par la porte Saint-Sébastien.

Nous apprenons l'heureuse nouvelle de l'audience que le Saint-Père veut bien nous accorder demain matin à 11 heures. Ce sera le grand jour de notre pèlerinage !

MARDI, 9 JIUN. — A· 4 heures, avant le lever du soleil, nous prenons la route des catacombes de Saint-Calixte, où Mr l'abbé A. et le Père O. vont célébrer la Sainte Messe ! Dans le silence impressionnant de la campagne endormie, enveloppés par la brume légère qui dénonce la fin de la nuit, nous allons, songeant au passé, à tant de vaillants de tout âge et de toute condition qui, dissimulés dans l'ombre, la figure reflétant la sérénité de leur âme, suivaient ces mêmes sentiers, se sachant voués à une mort cruelle s'ils étaient surpris se rendant aux saints mystères. Combien y en eut-il de ces héros, qui, partis ainsi avec l'aube, confessaient joyeusement le soir le Seigneur Jésus-Christ sur les chevalets, dans le prétoire ou bien au milieu des bêtes féroces dans le cirque?...

Notre messe, sur la tombe fleurie de sainte Cécile, dans le calme communiqué par les pierres parlantes qui nous entourent, est d'une piété exquise. Nous n'étions qu'une douzaine groupés au pied de l'autel et, pénétrés par la sainteté spéciale flottant dans l'atmosphère, nous avons prié tous unis dans un même cœur et une même pensée.

De retour à l'hôtel, nous partons pour le Vatican que nous voulons visiter avant l'audience du Souverain Pontife.

Le temps est trop court pour voir le musée Pio-Clementino qui s'ouvre sur le triple escalier en marbre de Carrare, le musée Chiaramonti, la galerie des Candélabres, les tapisseries de Raphaël, etc. Nous pénétrons par la Porte de bronze, où se tient un poste de gardes suisses, dans la cour Saint-Damase qui est entourée des Loges de Raphaël, et nous arrivons dans la salle Royale, vestibule de la chapelle Sixtine. « Le Jugement Dernier », cette fresque fameuse de Michel-Ange, ne me transporte pas d'admiration. Il y a trop de contorsions dans les personnages. Notre-Seigneur doit faire peur aux Saints eux-mêmes; mais avec les Prophètes, c'est la Bible qui se lève, et l'œuvre entière fait penser aux symphonies et aux opéras de Wagner. Les Stanze ou Chambres de Raphaël sont sa plus splendide création, mais ses Loggie sont difficiles à regarder, assez abîmées par les injures du climat et la main des barbares. Ces balcons sont heureusement vitrés depuis une trentaine d'années. Nous ne pouvons accorder qu'un coup d'œil à la galerie des quarante chefs-d'œuvre appelée « la Pinacothèque ».

Nous descendons ensuite dans les jardins du Vatican qui nous sont ouverts aujourd'hui. Les voitures de gala, les carrosses, les harnais et les caparaçons sont alignés dans de vastes remises, d'où, hélas! ils ne sortent plus depuis l'occupation.

Nous traversons la charmille de chênes-verts qui mène à la grotte de Lourdes, copiée exactement pour le Saint-Père, et silencieuses, nous nous asseyons dans un angle de terrasse dominant le parterre à la française où fleurissent les orangers et les citronniers. La coupole majestueuse de Saint-Pierre et les frondaisons bien vertes d'un bois de chênes enserrent la vue.

On est réellement dans un site uniquement beau ; cependant c'est une vraie prison.

A 11 heures nous gravissons l'escalier qui, de la cour Saint-Damase, conduit aux appartements de Sa Sainteté, et, frôlés par des cardinaux qui vont et viennent, nous attendons dans la salle Clémentine où stationnent les gardes de service. Leur costume bleu, jaune et rouge, dessiné par Michel-Ange, est très seyant et pittoresque. Nous sommes étonnés de voir circuler un entourage aussi antique. Cela ressemble à certaines gravures du XVIe siècle où les souverains étaient représentés avec leur cour ainsi vêtue, et on s'imagine volontiers que ces chevaliers de brillante mine continuent à monter la garde auprès du Premier des rois de la terre.

L'audience doit avoir lieu dans la « salle du Consistoire. » Nous y sommes introduits à midi ; le trône papal domine la salle et les Suisses avec leurs hallebardes sont impassibles autour de nous.

Enfin les gardes nobles paraissent, accompagnant le Saint-Père porté sur une petite *sedia*. Quel moment que celui où tous les regards convergent vers cet illustre vieillard qui considère avec bonté ce groupe de ses enfants. De la main, il salue en souriant, les acclamations cessent, le Pape va parler. On ne respire plus, tant on craint de perdre une seule des paroles qui vont tomber des lèvres du vicaire de Jésus-Christ, du Chef visible de l'Église.

Léon XIII me parait moins vieux que ses photographies ne le représentent ; il est très voûté, c'est vrai, sa maigreur est extrême et on a l'impression d'une vision tant sa figure est diaphane. Seul, le regard est jeune, les yeux noirs, vifs et perçants, scrutent jusqu'au fond de la salle et semblent pénétrer au plus intime de nos cœurs. Léon XIII parle d'une voix forte et lente, très distincte, en ponctuant chacun de ses mots par des gestes amples et énergiques avec la main droite :

« Nos très chers Fils,

« Nous nous réjouissons de vous voir en si grand nombre revenir des Lieux-Saints. Ce pèlerinage vous aura causé, Nous n'en doutons pas, la plus douce satisfaction, il aura raffermi votre foi, et le bonheur d'avoir visité avec piété les lieux sanctifiés par Notre-Seigneur Jésus-Christ sera le plus doux souvenir de votre vie.

Rentrés dans votre pays, redoublez vos prières pour la France ; oui, à l'heure présente, elle en a grand besoin, Nous y unirons les nôtres. En attendant, Nous vous accordons à vous, à vous tous ici présents et à vos familles, la Bénédiction Apostolique. »

« Vive Léon XIII ! Vive le Pape-Roi ! » s'écrie-t-on avec élan.

Voici l'instant solennel ; le silence se rétablit.

Léon XIII se lève et sa blanche silhouette se détache surnaturelle sur la draperie rouge. D'une voix ferme encore, il chante *Adjutorium* et sa main tremblante trace lentement dans les airs le signe de la Croix.

Ce moment est au nombre de ceux qu'on voudrait éterniser, et il est impossible de décrire notre émotion. On présente au Saint-Père les directeurs et plusieurs autres personnes du pèlerinage ; pour chacun, Léon XIII trouve un mot aimable, un souvenir particulier à évoquer. Sa mémoire et sa présence d'esprit sont admirablement conservées.

Avant de nous quitter, le Pape a un geste charmant de tendre père, étendant ses deux grands bras comme pour embrasser tous ses enfants. « Je vous souhaite un bon retour », nous dit-il. Les applaudissements retentissent de nouveau tandis que le Saint-Père regagne ses appartements privés.

Heureux d'une joie indicible, nous quittons le Vatican emportant le souvenir de cette audience inoubliable et chère à nos cœurs par la bonté et la sainteté qui rayonnent de Léon XIII.

Après le déjeuner, nous repartons toujours en voiture pour la Chiesa Nuova ou Sainte-Marie in Valicella, fondée au xvi⁰ siècle par saint Philippe de Néri, dont nous visitons les chambres ainsi que les pieuses reliques qui se rattachent au fondateur des Oratoriens.

Sainte-Agnès a sa façade sur la place Navone, ou cirque de Domitien, dont la forme elliptique a été conservée. Les fouilles ont permis de retrouver les voûtes latérales des cases où vivaient les gladiateurs èt le lieu du martyre de sainte Agnès est une chapelle souterraine.

L'église Saint-Ignace, du xvii⁰ siècle, est un peu trop chargée d'ors et de peintures. Elle renferme les tombeaux de saint Louis de Gonzague et de saint Jean Berchmans, les deux patrons de la jeunesse.

Sous les toits les pauvres petites chambres des saints Jésuites contiennent plusieurs autels.

Nous terminons la journée par une promenade sur le Corso et au Pincio, en nous arrêtant à la Trinité-des-Monts et au couvent des Dames du Sacré-Cœur où nous contemplons la *Mater Admirabilis* de la Mère Perdrau.

Par une série de rampes, nous parvenons à ce merveilleux belvédère qui surplombe Rome et sa forêt de dômes. Lucullus avait ici ses jardins, et aujourd'hui encore la société élégante s'y rend en foule avec ses équipages. C'est le bois de Boulogne romain.

Avant le salut à Saint-Venance, nous montons à Sainte-Marie d'Ara-Cœli où nous voulons prier le Sanctissimo Bambino. Nous passons au cœur de la vieille Rome, sur la place du Capitole. Ce nom rappelle tant de gloire, tant de triomphes, tant de vertus, tant de crimes et de folies, qu'on finit par trouver le point de vue bien peu grandiose, et pourtant la statue équestre de Marc-Aurèle et les Dioscures sont magnifiques en haut des 124 degrés de marbre blanc.

Le palais sénatorial et les musées masquent le Forum et la roche Tarpéienne. A défaut d'oies, nous regardons la louve vivante, écusson symbolique de la ville.

Après le dîner, H. et moi nous partons avec deux de nos amies pour contempler le Colisée au clair de lune.

Le vaste amphithéâtre, le plus grand et le plus fameux du monde, élève sa masse sombre à l'extrémité du Forum. Bâti par Vespasien pour y donner des fêtes et des jeux, il fut surtout destiné à l'exposition des chrétiens aux bêtes.

Ce sol a été imprégné du sang des martyrs et ces pierres ont recueilli les suprêmes regards de millions de témoins de la foi chrétienne. Domitien, Commode, Alexandre-Sévère, Dioclétien, vinrent assister à ces massacres d'innocents dans la loge impériale, le Pulvinare, que nous montre un gardien, et d'où, froidement, ils les envoyaient à la mort, sans se douter que c'étaient eux les vrais « morituri ». Le Colisée n'existe plus qu'au tiers, mais il produit une impression profonde, surtout à cette heure où la lune illumine de sa clarté sereine les vastes perspectives. Nous pensons aux scènes sublimes et horribles qui devaient se produire dans cette arène après les soirées de carnage, lorsque les mourants gisaient abandonnés impitoyablement sur le sable qui buvait leur vie, semence abondante et conservatrice de notre foi.

A genoux sur un bloc de travertin nous prions, bouleversées, touchées jusqu'aux larmes. Nous pouvons bien nous dire que nous avons eu un ancêtre au Colisée. Vraiment, l'humanité sans Dieu est une bête féroce et lâche.

La journée, inaugurée dans les catacombes, nous a vues inclinées aux pieds du Saint-Père avant de s'achever au Colisée!...

MERCREDI, 10 JUIN. — Nous sommes réveillées à 4 heures par une chose très surprenante pour des voyageurs au pays du soleil : il pleut ! Une forte averse ne nous arrête pas plus que le khamsin de si vieille date n'entravait nos courses en Terre-Sainte; aussi, à 5 heures, nous nous dirigeons vers Saint-Pierre pour y passer notre dernière matinée à Rome. La basilique semble s'élargir à mesure qu'on la connaît mieux, c'est le poème de la religion et du triomphe du Christ. Rome, qui est le résumé de tout, se résume dans Saint-Pierre qui crie dans le monde la victoire de la Croix. C'est une seconde patrie. Nous entrons par la sacristie qui est fort belle, et le Père O. célèbre la Messe à l'autel du crucifiement de saint Pierre, au-dessus du tombeau de saint Jude.

Au centre de cette capitale de la foi, nous nous sentons les ambassadeurs de tous ceux qui nous sont chers et nous demandons pour eux une jeunesse éternelle sous le soleil de justice.

A 7 h. 1/2 nous rentrons à l'hôtel de la Minerve pour filer de là au Gesu, une des plus riches églises de Rome. Le tombeau de saint Ignace de Loyola est dans la nef gauche, orné de pierres et de marbres précieux. Nous nous faisons conduire par un sacristain, tremblant sous l'averse diluvienne, aux chambres de saint Ignace où beaucoup de ses souvenirs personnels ont été réunis.

Nous avons le temps de rejoindre le pèlerinage à Saint-Augustin, où se trouvent le tombeau de sainte Monique dans une urne de vert antique et la Vierge del Parto, très vénérée par les Romains. Après un coup d'œil à Saint-Louis-des-Français, nous partons pour Saint-Laurent-Hors-les-Murs, fondé en 330 sur la tombe de sainte Cyriaque et de saint Laurent. Les mosaïques sont admirables et la restauration ordonnée par Pie IX a été comprise à merveille.

Dans la confession, qui contient les reliques de saint Laurent et de saint Etienne, on voit sous verre le gril sur lequel fut brûlé vif le diacre-martyr.

Dans le vestibule de l'église primitive changé en mausolée, sont renfermées les cendres de Pie IX qui a voulu reposer non loin de ses chers zouaves.

La décoration en mosaïques de Venise est un don de l'univers catholique.

Du cloître, nous passons dans le Campo-Santo où processionnellement nous allons prier sur la tombe du Père Picard et au monument des soldats du Pape. Malgré la pluie le cimetière est gai, les allées sont jonchées de fleurs et peuplées de très jolies sculptures. Qu'est-ce que c'est quand il y a du soleil, des oiseaux et des papillons ?

Nous visitons ensuite Saint-Étienne le Rond, où, sur les murs latéraux, sont peintes d'horribles scènes de martyres. Nous sommes très intéressés par la basilique Saint-Clément où des fouilles ont mis à jour l'église souterraine des premiers siècles.

L'église des Saints-Apôtres a un trésor de reliques uniques : un doigt de saint Thomas, du sang encore liquide de saint Jacques, des ossements de saint Antoine de Padoue, de saint Philippe, de saint Blaise, de saint François d'Assise, un clou de la croix de saint Pierre, etc.

Je me promets d'approfondir mes impressions sur Rome et de les goûter dans un plus long séjour ; ces quelques heures n'étaient qu'un effleurement de ses merveilles avec un regret perpétuel de s'en arracher, juste la dose nécessaire pour m'attirer invinciblement.

Le départ pour Civita-Vecchia a lieu à 3 heures et nous laissons en arrière quelques pèlerins oublieux de l'heure du retour à bord.

Maintenant c'est la grande séparation qui se prépare puisque nous quitterons le pont de la Nef à
Marseille dans 36 heures.

JEUDI, 11 JUIN. La Fête-Dieu. — Notre dernière journée à bord commence par un assaut de
mistral dès que nous dépassons le cap Corse. A
cause du roulis, on ne peut laisser l'ostensoir exposé
sur l'autel. et la confection du reposoir, à l'avant du
navire, est arrêtée par la force du vent qui arrache
les fleurs et la verdure et nous inonde de paquets de
mer. Nous sommes désolées, mais enfin à 7 heures
du soir, on ferme hermétiquement la salle des confé-
rences, on élève à la hâte un autel au pied du grand
mât et la procession, les dames en tête, s'organise.
Vingt-cinq prêtres en chasuble précèdent le dais que
suit l'équipage présentant les armes. Notre-Seigneur
fait ainsi le tour de son bateau, bénissant la terre de
France estompée dans le lointain.

Le Père M. L. prononce de vibrantes paroles, et
devant le même Dieu qui nous jugera tous, les prêtres
renouvellent le serment de leur ordination : *Dominus
pars hereditatis meæ.* C'est un spectacle impressionnant.
Tous les assistants chantent ensuite le psaume 136 :
Super Flumina Babylonis. Après chaque verset on
répète, la main droite levée vers le ciel, le refrain de
fidélité à Jérusalem : *Si oblitus fuero tui, Jerusalem.*
« Si je t'oublie, ô Jérusalem, que ma main droite soit

elle-même livrée à l'oubli et que ma langue s'attache à mon palais si je ne me souviens pas de toi. »

Notre dernière cérémonie en commun a lieu ce soir où le Père M. L. nous fait ses adieux.

Tous, nous sommes tristes!

VENDREDI, 12 JUIN. — Avant le lever du soleil, je suis sur le pont, regardant sortir de la brume le fin clocher de Notre-Dame de la Garde.

La Vierge qui a béni notre départ est la première à nous accueillir au retour et un *Salve Regina* de reconnaissance monte à nos lèvres.

Voilà Marseille encore endormie qui déroule sous nos yeux tout son panorama, son port, ses docks, la Joliette devant laquelle nous passons pour nous amarrer au môle E, près du cap Pinède.

Nous assistons à une messe d'actions de grâces; il faut remercier Dieu des bénédictions incomparables qu'Il a déversées sur nous, des protections connues et inconnues dont nous avons été l'objet, des joies ineffables dont Il nous a comblés!

A 7 heures nous descendons dans les remorqueurs qui nous mènent à la douane, le purgatoire de la France. La chère nef a disparu derrière un encombrement de palissades, de paquebots et de marchandises.

Nous nous trouvons assez facilement sur le pavé de Marseille, roulant avec armes et bagages vers la

gare d'où l'express de Paris emmène plusieurs de nos
chères amies.

Nous nous retrouvons encore, épaves échappées à
la dispersion, avant de prendre le train de Toulon
qui nous place rapidement dans les bras maternels.
Nous sommes fêtées et joyeuses de revoir chacun en
bonne santé.

Pendant ces heures trop fugitives, nous avons
respiré à plein cœur les parfums du pays de Jésus;
nous nous sommes imprégnées de l'arôme des
Catacombes et du Colisée, et c'est à tout jamais!
Les pèlerins de Terre-Sainte gardent au fond de
l'âme les impressions sacrées ressenties là-bas, et qui
jailliront toujours vives et exquises à l'occasion d'une
fête liturgique, d'une lecture, d'une conversation,
d'une rencontre, d'un mot. Les fatigues ne sont rien
pour conquérir de pareilles joies, et tout véritable
chrétien ne devrait pas hésiter à s'accorder les douceurs de la Terre Promise.

ACHEVÉ D'IMPRIMER

Le quatre mai mil neuf cent cinq

PAR FRANCIS SIMON

IMPRIMEUR BREVETÉ

A RENNES

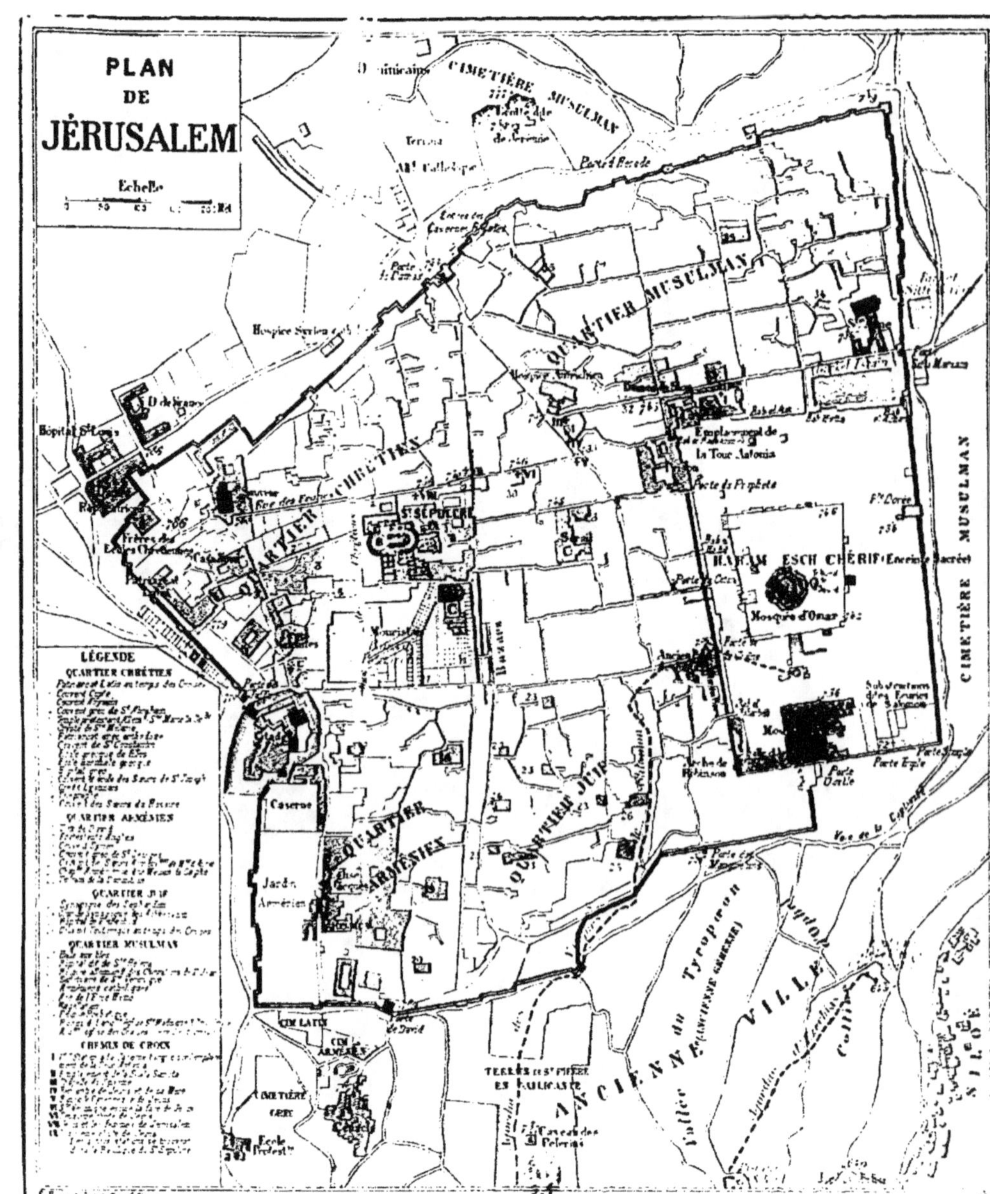

PLAN
DE
JÉRUSALEM
Echelle
LÉGENDE
QUARTIER CHRÉTIEN
QUARTIER ARMÉNIEN
QUARTIER JUIF
QUARTIER MUSULMAN
CHEMIN DE CROIX
CIMETIÈRE MUSULMAN
QUARTIER MUSULMAN
QUARTIER CHRÉTIEN
Hôpital St Louis
Hospice Sicilien
St SÉPULCRE
Emplacement de
la Tour Antonia
HARAM ESCH CHÉRIF (Enceinte Sacrée)
Mosquée d'Omar
CIMETIÈRE MUSULMAN
QUARTIER ARMÉNIEN
QUARTIER JUIF
Caserne
Jardin
Arménien
CIMETIÈRE LATIN
CIMETIÈRE ARMÉNIEN
CIMETIÈRE GREC
Ecole Protestante
TERRES DE St PIERRE
EN GALICANTE
ANCIENNE VILLE
Vallée du Tyropæon (ancienne Géhenne)
SILOÉ

ENVIRONS DE JÉRUSALEM
La Palestine
E. Ruzé del!
Echelle
LÉGENDE
1 Porte de Jaffa
2 Birket es Soultan
3 Tombeau des Hérodes
4 Birket Mamilla
5 Alliance Israélite Française
6 Hôpital municipal
7 Hôpital Juif allemand
8 Orphelinat
9 Porte neuve
10 Porte de Damas
11 Evêché anglican
12 Porte d'Hérode
13 Porte Sitti Mariam
14 Tombeau de la Vierge
15 Grotte de l'Agonie
16 Jardin des Oliviers
17 Dominus flevit
18 Bénédictines
19 Carmel du Pater
20 Ascension
21 Porte des Maugrabins
22 Porte de David
23 St Pierre en Gallicante
Orphelinat protestant allem.
Route de Jaffa
Sœurs de St Joseph
Eglise Abyssine
St Étienne
Tombeau des Rois
Viri Galilei
Voie Romaine de Naplouse
Route de Naplouse
Grand Route
Lazaristes Allemands
Et. Russes
N.D. de France
Consulat Français
Sœurs des Charité
Cimetière Musulman
Et. St Pierre
Niképhourieh
Sœurs du Rosaire
Monte Fiore
Ste Croix
Cénacle
Piscine de Siloé
Haceldama
Colonie allemande
Mt du Mauvais Conseil
Léproserie
Bir Rogel
Bir Eyoub
Mont du Scandale
Siloé
Bénédictins
Kefr et Tour
Bethphage
Tour Russe
Mont des Oliviers
Route de Jéricho
EL AZARIÉH